作者简历

刘勇,博士,浙江大学智能系统与控制研究所教授,浙江大学求是青年学者,浙江省"新世纪151人才工程"第二层次培养人员,担任浙江省机器换人专家组专家。承担NSFC-浙江两化融合联合基金、国家自然科学基金青年和面上项目、科技部"863"重点项目子课题、浙江省杰出青年基金、工信部重大专项等国家和省部级项目多项。获得2017年度浙江省自然科学奖(一等奖),2013年度浙江省科学进步奖(一等奖),发表SCI论文20余篇,授权发明专利6项。主要研究方向包括:智能机器人系统、机器人感知与视觉、深度学习、大数据分析、多传感器融合等。

廖依伊,女,1992年11月19日出生于湖南。2007年9月入读西安交通大学少年班,2009年9月进入西安交通大学自动化系,并于2013年6月获得工学学士学位。2013年9月推荐免试进入浙江大学控制学院攻读硕士学位,于2015年2月转为攻读博士学位,师从刘勇教授。2015年6月以访问学者身份赴澳大利亚悉尼科技大学自主系统中心进行为期两个月的学习。2016年10月获浙江大学与德国马克思普朗克研究所联合资助,赴马克思普朗克智能系统研究所进行为期1年的访问。主要研究兴趣包括深度学习、计算机视觉、机器人。

正则化深度学习及其在机器人环境感知中的应用

Regularized Deep Learning and Its Application in Robotics Perception

刘 勇 廖依伊 著

科学出版社
北 京

内 容 简 介

近年来,随着人工智能技术的飞速发展,深度神经网络技术在图像分析、语音识别、自然语言理解等难点问题中都取得了十分显著的应用成果。本书系统地介绍了深度学习应用于机器人环境感知面临的难点与挑战,针对性地提出基于正则化深度学习的机器人环境感知方法,并结合机器人作业场景分类、多任务协同环境感知、机器人导航避障环境深度恢复、感知目标三维重建等应用案例对正则化深度学习方法应用进行介绍。本书紧紧围绕面向机器人环境感知的深度学习问题,深入分析相关概念,建立相关模型,并设计相关方法,为正则化深度学习机器人环境感知应用提出了较为系统的解决方案。

本书可供人工智能、机器人、计算机等专业的研究生、教师和科研人员参考。

图书在版编目(CIP)数据

正则化深度学习及其在机器人环境感知中的应用/刘勇,廖依伊著. —北京:科学出版社, 2018.12
ISBN 978-7-03-059426-6

Ⅰ. ①正⋯ Ⅱ. ①刘⋯ ②廖⋯ Ⅲ. ①正则化-机器学习-应用-机器人-传感器-研究 Ⅳ. ①O177 ②TP242

中国版本图书馆 CIP 数据核字 (2018) 第 254119 号

责任编辑:胡庆家 郭学雯/责任校对:彭珍珍
责任印制:吴兆东/封面设计:陈 敬

科 学 出 版 社 出版
北京东黄城根北街 16 号
邮政编码:100717
http://www.sciencep.com

北京厚诚则铭印刷科技有限公司 印刷
科学出版社发行 各地新华书店经销

*

2018 年 12 月第 一 版 开本:720×1000 B5
2019 年 10 月第二次印刷 印张:9 插页:2
字数:170 000

定价:68.00元
(如有印装质量问题,我社负责调换)

前　言

近年来，随着人工智能技术的飞速发展，深度学习技术在图像分析、语音识别、自然语言理解等难点问题中都取得了十分显著的应用成果。然而该技术在机器人感知领域的应用相对而言仍然不够成熟，主要源于深度学习往往需要大量的训练样本来避免过拟合，提升泛化能力，从而降低其在测试样本上的泛化误差，而机器人环境感知中涉及的任务与环境具有多样化特性，且严重依赖于机器人硬件平台，因而难以针对机器人各感知任务提供大量标注样本；其次，对于解不唯一的病态问题，即使提供大量的训练数据，深度学习方法也难以在测试数据上提供理想的估计，而机器人感知任务中所涉及的距离估计、模型重构等问题就是典型的病态问题，其输入中没有包含对应到唯一输出的足够信息。针对上述问题，本书以提升深度学习泛化能力为目标、以嵌入先验知识的正则化方法为手段、以机器人环境感知为应用背景展开研究，具体取得了以下四个方面的研究成果。

(1) 提出约束隐层特征表示的图正则自编码器，以流形假设为先验知识约束隐层特征保留输入空间中的局部近邻特性，并通过理论分析论证了图正则项有助于学习对于输入的小量干扰具有鲁棒性的特征表示，从而提升自编码器网络的泛化能力。在此之上，本书将图正则自编码器应用于 2D 激光观测的场景分类问题，利用广义图正则项约束样本采集位置相邻的 2D 激光观测学习相似特征表示，说明图正则项可用于嵌入移动机器人空间位置等特定任务下的先验知识。

(2) 提出约束深度神经网络结构的语义正则网络，以机器人感知多任务之间的相关性为先验知识构造单输入多输出的正则化网络结构，其中像素级的语义分割任务作为图像级的场景分类任务的正则分支，约束网络在理解物体语义信息的基础上理解场景类别，从而在大幅减少所需训练样本数目的同时提升网络在图像场景分类任务上的泛化能力。

(3) 提出约束深度神经网络结构的嵌套残差网络，针对单目图像深度估计的病态特性，引入移动机器人感知中常见的稀疏深度观测并从中生成稠密参考深度，再利用稠密参考深度与真实深度的差值具有物理意义的先验知识构造正则化的嵌套残差网络结构，约束网络直接估计残差深度，从而在仅引入十分稀疏的深度观测(如 2D 激光点云)时即可显著降低单目图像估计深度的不确定性。

(4) 提出约束网络输出的深度移动立方体网络，针对从部分观测重构物体三维模型问题的病态特性，提出端到端的估计可表示任意拓扑结构的三维网格模型，使得直接对重构的三维网格模型进行正则成为可能，再以三维模型几何特性为先验知识直接约束三维网格模型的平滑性以及复杂度，使得网络可直接从不完整且有噪声的观测给出一个理想的三维网格模型估计，对于机器人抓取操作的感知等实际应用具有重要意义。

  对于上述提出的关键技术，本书在多种机器人环境感知任务上设计了定量与定性实验，在多个数据集上检验了算法的性能，充分验证了在正则化的统一框架下提升深度学习泛化能力的有效性。

作 者

2018 年 5 月于浙江大学

目 录

前言
第1章 绪论 ··· 1
  1.1 背景和意义 ··· 1
  1.2 问题与挑战 ··· 2
    1.2.1 深度学习问题描述 ·· 2
    1.2.2 深度学习的挑战 ·· 3
    1.2.3 机器人环境感知 ·· 4
  1.3 研究现状 ··· 5
    1.3.1 深度学习发展 ··· 6
    1.3.2 深度学习与正则化 ·· 7
    1.3.3 深度学习在机器人环境感知的应用 ······················ 10
  1.4 本书组织结构 ··· 11
第2章 隐层正则约束：图正则自编码器 ······························ 13
  2.1 引言 ··· 13
  2.2 图正则自编码器 ··· 14
    2.2.1 自编码器 ··· 15
    2.2.2 单隐层图正则化自编码器 ··································· 16
    2.2.3 栈式图正则化自编码器 ······································· 18
    2.2.4 近邻图构造 ··· 18
    2.2.5 模型训练 ··· 19
  2.3 图正则化理论分析 ··· 21
    2.3.1 图正则项对于输入空间的邻域特性建模 ············· 23
    2.3.2 图正则项对于隐层表示的影响 ···························· 24
    2.3.3 图正则项与其他正则项的关系 ···························· 26
  2.4 图像聚类与分类实验结果 ··· 27
    2.4.1 图像聚类实验 ··· 27
    2.4.2 图像分类实验 ··· 34
  2.5 广义图正则化与场景分类 ··· 39
    2.5.1 广义图正则自编码器 ·· 40
    2.5.2 多层级输入构造以及结果融合 ··························· 41

2.6	场景分类实验结果	46
2.7	本章小结	49
第 3 章	**结构正则约束：语义正则网络**	**51**
3.1	引言	51
3.2	语义正则卷积神经网络	53
	3.2.1 卷积神经网络	53
	3.2.2 语义正则下的场景分类网络	55
	3.2.3 输入构造	59
3.3	基于场景类别的语义分割优化	59
3.4	实验结果	61
	3.4.1 实验配置	62
	3.4.2 语义正则结构有效性验证	62
	3.4.3 场景分类结果	64
	3.4.4 语义分割优化结果	66
	3.4.5 数据集外场景测试结果	68
3.5	本章小结	70
第 4 章	**结构正则约束：嵌套残差网络**	**71**
4.1	引言	71
4.2	嵌套残差网络	73
	4.2.1 稠密参考深度构造	73
	4.2.2 结构正则化的嵌套残差网络	77
	4.2.3 代价函数	79
4.3	实验结果	80
	4.3.1 实验配置	81
	4.3.2 结构正则化有效性验证	82
	4.3.3 深度估计结果对比	84
	4.3.4 输入稀疏观测与输出置信度分析	88
4.4	本章小结	90
第 5 章	**输出正则约束：深度移动立方体网络**	**91**
5.1	引言	91
5.2	深度移动立方体算法	94
	5.2.1 移动立方体算法	94
	5.2.2 可导移动立方体层	97
	5.2.3 网络结构	99
5.3	正则化深度移动立方体网络	100

   5.3.1 点到物体表面距离 ··· 101
   5.3.2 占用概率先验正则 ··· 101
   5.3.3 网格模型复杂度正则 ······································· 102
   5.3.4 网格模型曲率正则 ··· 102
  5.4 实验结果 ·· 103
   5.4.1 模型及正则项验证 ··· 103
   5.4.2 基于点云的三维物体重构 ··································· 107
   5.4.3 基于体素模型的三维物体重构 ······························· 111
  5.5 本章小结 ·· 113
第 6 章 总结与展望 ·· 114
  6.1 本书总结 ·· 114
  6.2 未来工作展望 ·· 115
参考文献 ·· 116
相关发表文章 ·· 132
彩图

第1章 绪　　论

1.1　背景和意义

近年来，人工智能以飞速的发展引起了全世界的高度重视。在图像处理领域知名的 ImageNet 大规模视觉识别挑战赛上，微软研究院在 2015 年提出了误分类率低至 4.95%的分类算法[1]，首次在该挑战赛上成功超越人类 5.1%的误分类率。2016 年，AlphaGo 以 4:1 击败韩国围棋职业棋手李世石[2]，引起了大众对于人工智能的关注热潮。2018 年 1 月，亚马逊的无人零售商店 Amazon Go 开始向公众开放，使用人工智能机器人代替了传统的超市收银员。全球众多知名企业如谷歌、百度等纷纷投入大量物力和财力研究辅助驾驶以及无人驾驶，试图抢占无人驾驶领域的先机。为抓住人工智能发展的机遇，推动建设创新型国家和世界科技强国，我国也相继出台了一系列政策支持人工智能的发展。2017 年 7 月，国务院印发《新一代人工智能发展规划》，对我国新一代人工智能发展的总体思路、战略目标和主要任务、保障措施进行了系统的规划和部署。

深度学习 (deep learning) 是推动当前人工智能热潮的一个关键因素，在 AlphaGo、ImageNet 挑战赛、Amazon Go 以及无人驾驶中均发挥着重要作用，它被广泛应用于图像处理、语音处理、自然语言处理以及决策问题等[3-6]，深刻地影响着各行各业以及人们的日常生活。具体而言，深度学习代表了一类机器学习算法，其特点是利用多层级联的非线性处理单元学习输入样本的特征表示，并在这些特征表示上构造可导的代价函数，然后通过反向梯度传播算法最小化代价函数并同时实现特征表示的学习。相比传统机器学习方法，深度学习通过这种端到端 (end-to-end) 的训练方式直接从原始输入数据学习特征表示并进行分类回归等决策，而传统机器学习方法首先根据人类自身的经验知识设计特征提取方法，例如，图像处理领域知名的手工特征提取方法 SIFT 和 SURF[7, 8]，再独立设计分类或回归等决策器。深度学习通过特征表示的学习获得了两点优势：第一，传统机器学习方法中可训练的部分仅包含分类器决策部分，而深度学习模型从特征提取到分类决策都是可训练的，增强了模型对于问题的拟合能力；第二，深度学习可通过多层级联的非线性处理单元由简单到复杂、由细节到局部地提取特征，降低了直接设计复杂特征的难度。

尽管深度学习在诸多问题上体现了优异的性能，但它仍然存在一定的局限。首先，有监督的深度学习往往需要大量输入数据及其对应标注来实现理想的泛化 (generalization) 能力，所谓泛化能力是指算法对未曾见过的样本给出理想估计的能力。定义用于模型训练的样本为训练数据，以及一组与训练数据无交集的样本为测试数据，则带标注的训练数据的规模大小是深度学习能否在测试数据上实现优秀性能的决定性因素之一。举例来说，Zhou 等[9] 通过采用两百多万张有标注的场景图像训练深度学习模型，在一系列场景分类数据集上获得了大幅度领先的分类结果，Johnson-Roberson 等[10] 则通过采集大量仿真图像作为训练数据，提升了深度学习在车辆检测上的性能。然而，获取大量标注数据的代价十分高昂，通过大量标注训练样本提升深度学习泛化能力的方法仅适用于应用对象非常广泛的任务。在训练样本不足的情况下，由于深度学习模型包含大量可学习参数，很容易产生过拟合 (over-fitting) 现象，即模型在训练样本上表现优异，而无法正确理解训练时未曾见过的测试样本。此外，对于病态的、解不唯一的问题 (如图像去噪[11, 12]、图像超分辨率重构[13, 14]、物体三维模型重构[15−17])，即使提供了充足的训练样本，在测试数据上作出理想估计也是对深度学习的一大挑战。

相比之下，人类可以通过少量的样本迅速获取知识，并将知识应用于新的环境，其中一个关键的原因是人类具有长期知识的积累，因此在理解和认识事物时已具备一定的先验知识。类似地，本书的研究思路是通过正则化 (regularization) 将先验知识引入到深度学习模型中，狭义的正则化一般理解为约束算法中参数的数量或模值，例如，最小化参数的绝对值之和 (1 范数) 或均方和 (2 范数)。而本书所考虑的是更为广义的正则化，定义为"任意试图减小模型的泛化误差而非降低训练误差的方法"[4]。综上所述，本书拟从正则化约束出发，将多方面先验知识引入深度学习模型中，加强深度学习算法在面对小样本、欠定解等问题下的鲁棒性和泛化性，并在机器人环境感知的一系列任务上验证算法的有效性。

1.2 问题与挑战

1.2.1 深度学习问题描述

为方便后面解释，本节首先通过符号和公式定义本书主要关注的监督学习问题以及深度学习模型。给定输入 x 以及目标输出 y，深度学习要解决的问题是拟

合一个 $y = f(x)$ 的函数。举例来说，图像分类问题中 x 对应输入图像，y 对应图像类别，$f(\cdot)$ 则是从输入图像到其类别的映射函数。$f(\cdot)$ 通常是一个十分复杂的映射，例如，对于相同的类别 y，其输入图像 x 会受到个例、光照以及环境等多种变量的影响。为解决这一问题，深度学习的思路是构造一组简单的映射 $f_1, f_2, \cdots, f_L$ 来拟合一个 $f(\cdot)$ 的复杂映射。令 f^* 为 $f_1, f_2, \cdots, f_L$ 组合在一起的函数，θ 为其中所有参数，则深度学习的目标是学习一组参数 θ 使得 $y^* = f^*(x; \theta)$ 尽可能接近 y。

深度学习中最常用的人工神经网络结构是深度前馈网络 (deep feedforward networks)，称之为"**网络**"是由于它是多个函数 $f_1, f_2, \cdots, f_L$ 的组合，称之为"**前馈**"是因为它通过级联的方式组合这些函数，例如，$L = 3$ 时网络的输出为 $y^* = f_3(f_2(f_1(x)))$，f_i 的输出只影响 $f_{i+1}, f_{i+2}, \cdots$ 而不影响自身，因此不构成反馈连接。由于这种级联的结构，f_i 称为网络的一个层，且 x 称为输入层 (input layer)，$f_1, f_2, \cdots, f_{L-1}$ 为隐层 (hidden layer)，y^* 为输出层 (output layer)，L 则为网络的层数。"**深度**"一词则是由 L 的数值而来，现有的深度学习算法已经可以有效地训练 $L > 100$ 的网络[18]。需要说明的是，万能近似定理 (universal approximation theorem) 指出，即使 $L = 2$ 时 (隐层数量等于 1) 网络也可以无限逼近任意函数[19]，然而现有的理论研究表明通过增加网络的层数可获得指数倍增长的表达能力，从而大幅度降低所需要的参数数量[20−22]。

给定深度学习待解决的问题及其网络结构，参数 θ 的学习是通过最小化网络在所有训练样本上的估计误差而实现的。定义多组输入 x 及其目标输出 y 的集合为训练数据，标记为 $\mathcal{D} = \{(x_1, y_1), \cdots, (x_N, y_N)\}$，则深度学习的代价函数可以定义如下：

$$\mathcal{L} = \sum_i E(f^*(x_i; \theta), y_i) \tag{1.1}$$

其中 $E(y^*, y)$ 是衡量 y^* 与 y 之间的距离，例如，回归问题中 $E(y^*, y)$ 可以是 ℓ_1 或 ℓ_2 距离，分类问题中 $E(y^*, y)$ 可以是两个概率分布之间的互信息熵。深度学习的训练常采用梯度下降法 (gradient descent) 来最小化代价函数 $\mathcal{L}$，即根据梯度 $\delta \mathcal{L}/\delta \theta$ 来调整 θ。

1.2.2 深度学习的挑战

1.2.1 节提到给定训练数据集 $\mathcal{D}$，深度学习需要更新网络参数 θ 来拟合一个复杂映射。一般来说，深度学习模型中 θ 包含的未知变量个数庞大，$\mathcal{D}$ 中样本量的规

模远小于 θ 中未知变量的个数且存在噪声，因此可以使式 (1.1) 中代价函数最小的参数 θ 取值不唯一。由于网络参数自由度高，网络有可能产生过拟合现象，即深度学习模型完全拟合了训练数据对的分布特性，却不一定能在训练数据之外的测试数据上给出合理估计，也就是说网络的泛化能力差。事实上，从有限训练集 $\mathscr{D}$ 估计参数 θ 的问题是病态 (ill-posed) 的[23]，而导致这个病态问题的根本原因是训练数据集 $\mathscr{D}$ 缺少完整覆盖真实样本空间分布的信息，这也解释了为什么扩充 $\mathscr{D}$ 中样本的数量有助于避免过拟合，提高深度学习算法的性能。

除了参数学习是一个病态问题之外，深度学习中还可能涉及另外一类病态问题。对于一些特定任务而言，任务本身就是一个病态映射。举例来说，对于图像去噪、图像升采样、从单目图像估计深度、三维重构等一系列问题，输入 x 本身就不包含足够确定唯一输出 y 的信息，因此 y 的取值是有二义性 (ambiguity) 的。尽管在充分的训练下，网络可以记忆训练数据中 x 与 y 的对应关系，但是对于测试数据来说，在 x 信息不足的情况下重构出理想的 y 更具挑战性。

为了区分这两类病态问题，本书分别称之为参数学习病态性以及任务映射病态性，值得一提的是，无论任务映射病态性是否存在，参数学习都具有病态性。这两种病态问题也反映了深度学习中存在着的两点挑战。

• 为了克服参数学习病态性，深度学习需要提供大量的标注样本，尽可能地覆盖真实样本空间的分布，然而大量标注样本的获取代价高昂；

• 即使具备大规模训练样本，拟合具有二义性的病态映射，且在测试数据上作出准确估计也是对深度学习的挑战。

由上面的分析可见，造成病态问题的一个关键原因是信息的缺失，即参数学习病态问题中训练数据集的信息不足以覆盖真实样本空间分布，而任务映射病态问题中输入的信息不足以确定准确输出。在信息缺失的前提下，引入有效的先验信息是应对这些挑战的一个重要思路，正如数学家 Lanczos 所言[24]：

A lack of information cannot be remedied by any mathematical trickery.

因此，本书的思路就是在深度学习模型中引入先验信息来提升算法的泛化能力，而先验知识则通过各类正则化方法体现在深度学习模型中。

1.2.3 机器人环境感知

在深度学习的实际应用中，机器人的环境感知具有重要的现实意义，同时其应用场合差异大、标注样本少、包含病态映射等特性又对深度学习的泛化能力提出了更高的要求。因此，本书以机器人环境感知的一系列任务为应用场景验证正则化深度学习的有效性。机器人环境感知的特性可以总结如下。

- 首先，机器人环境感知对于机器人的自主性和智能性而言具有重要意义。对于人类来说，环境感知也是日常生活中无时无刻不在进行的，在认知环境的基础上人类才能执行许多高等任务。机器人也需要从传感器的信息中提炼出语义信息、结构信息，才能进一步执行具体任务。

- 其次，机器人应用中往往需要面对多样化环境与多类感知问题，而针对不同的问题，在不同场景中采集大量数据并进行标注的做法，代价十分高昂且难以实现，尤其是对于一些特殊的应用场合如救援、恶劣天气等，即使收集无标注数据也并不容易，样本数量的不足凸显了深度学习的参数学习病态问题。

- 再次，机器人应用中不仅需要对语义信息进行定性感知，也包括对距离、结构等几何信息的定量感知，而在许多定量感知问题中输入信息不足以确定唯一的输出，对应了前文提到的任务映射病态问题。

- 最后，机器人具有运动连续性、多传感器、需同时处理多个任务等特性，这些特性为机器人环境感知提供了丰富的先验知识。

由此可见，机器人环境感知反映了深度学习中的两类病态问题，本书希望在探索通用先验知识的基础上，利用机器人领域特有的先验知识构造正则化深度学习方法，从而提升深度学习在机器人环境感知问题上的泛化能力。由于机器人环境感知所涉及的范围十分广泛，本书主要探讨其中两类具有代表性的问题。

- 定性语义感知：理解语义知识有助于机器人与人类的交互，使得机器人可以在语义层面上理解待执行的任务，在这类问题中本书所关注的具体内容是对于场景类别以及物体类别的理解。

- 定量距离结构感知：在理解场景语义的基础上，机器人执行任务时还需要知道目标的距离，对于抓取等操作还需要知道物体的三维模型，在这类问题中本书所关注的是针对场景的距离感知以及针对物体的三维模型重构。

1.3 研究现状

本节针对与深度学习相关的国内外研究现状进行综述和小结。从探讨深度学习的起源、发展及其体系结构出发，再介绍深度学习中常用的正则化方法，最后说明目前深度学习在机器人环境感知中的研究现状。

1.3.1 深度学习发展

深度学习的起源可以追溯到 1958 年感知器的提出[25]，该文受生物神经细胞启发实现了一种最简单的单层前馈神经网络 $y^* = H(wx + b)$，其中 $H(\cdot)$ 为单位阶跃函数。虽然最初感知器被认为是一种很有潜力的模型，1969 年 Minsky 和 Papert[26] 在 *Perceptrons* 书中指出感知器无法解决以异或 (XOR) 为代表的线性不可分问题。尽管，1970 年 Linnainmaa[27] 在其硕士论文中指出可以通过多层感知器 (multilayer perceptrons) 解决非线性问题，然而主流学者的批判态度仍然大幅度降低了人们对感知器的研究热情。

1986 年，Rumelhart 等[28] 在 *Nature* 发文，说明了多层感知器可解决复杂非线性问题，重新引发了人们对于人工神经网络的关注。多层感知器是对单层感知器的推广，通过多个非线性层的组合克服了单层感知器无法处理线性不可分问题的局限。具体来说，多层感知器的一层可以表示为 $f_i(x) = s(W_i x + b_i)$，其中 $s(\cdot)$ 可以是任意的非线性函数，一般常用的是 Sigmoid 函数[29]。Rumelhart 等的主要贡献是介绍了用于训练多层传感器的反向传播 (back-propagation) 算法，其核心思想是通过沿代价函数 $\mathcal{L}$ 下降的方向来调整权值，即根据梯度 $\delta \mathcal{L}/\delta W$ 来调整 W，其中 $\mathcal{L}$ 是网络输出 y^* 与目标输出 y 的距离。现在反向传播算法仍是训练人工神经网络的基础算法。然而，由于网络的隐层个数大于 2 时反向传播算法存在梯度消失的问题，层数太深的网络难以训练，加深网络层数反而难以获得更优的性能。再加上当时计算资源的局限和训练数据的不足，学界在 20 世纪 90 年代后开始将关注重点更多地放在其他机器学习算法上，人工神经网络逐渐淡出人们的视线。

2006 年，Hinton 和 Salakhutdinov[30] 在 *Science* 上提出了贪婪逐层预训练方法，解决了多层网络难以训练的问题，重新引发了人们对于神经网络的关注，也普遍被认为是现代 "深度学习" 的开端。具体而言，该文提出了一种由多个受限玻尔兹曼机 (restricted Boltzmann machine, RBM) 组成的深度置信网络 (deep belief networks, DBN)。RBM 是一种随机概率模型，可以从输入 x 学习特征 h 并从 h 重构 x。因此文中首先无监督地从低往高训练每一层 RBM 的参数，达到初始化权值的效果，低层的 RBM 训练完成后则固定其参数，将其输出作为后一层 RBM 的输入，这种训练方式称为无监督预训练 (unsupervised pre-training)。最后可以将所有

RBM 连接起来同时训练并进行微调 (fine-tuning)。对于分类问题，可以在最末一层的特征上接入分类器进行微调。DBN 提出后，基于同样的无监督预训练思路的栈式自编码器 (stacked auto-encoders, AE) 也在许多问题上取得了不错的性能[31-33]。栈式自编码器的思路与 DBN 类似，两者最大的区别在于 DBN 是随机概率生成模型，而栈式自编码器属于确定性模型。

多层感知器、深度置信网络以及栈式自编码器都属于全连接 (fully connected) 结构。对于两个相邻的表示层 h_i 和 h_j 来说，h_i 中的任意一个神经元 $h_{ik}, k = 1, \cdots, K$ 都和 h_j 中的所有神经元 $h_{jl}, l = 1, \cdots, L$ 相连，因此两层之间需要权值矩阵 $W \in \mathbb{R}^{K \times L}$，在数据维度高时权值矩阵中包含的参数数目庞大。1989 年，由 LeCun 等[34, 35]提出的卷积神经网络 (convolutional neural networks，CNN) 则通过局部连接以及权值共享的方式，大幅度降低了所需参数的数量，最终它被成功地应用到了图像数字识别的任务中。2012 年，Hinton 及其同事 Krizhevsky, Sutskevery[36] 在 ImageNet 大规模视觉分类挑战赛上首次通过 CNN 获得冠军，由此之后 CNN 在图像处理等多个领域备受青睐[37-41]。

从网络中信息的流向来说，前面介绍的网络结构都属于深度前馈神经网络 (deep feedforward networks)[4] 即网络中信息的流向是单向且不存在循环结构的。除此之外，递归神经网络 (recurrent neural networks)[42-44] 是另一类包含反馈结构的网络，往往用于序列化数据的特征提取与决策，如自然语言处理[42]和视频处理[44]等。由于本书研究内容并非局限于序列化数据，因此本书的研究针对前馈神经网络进行展开。

1.3.2 深度学习与正则化

在 1.2.2 节中提到，引入先验知识是解决病态问题的一个关键，而先验知识通常以正则化的方式嵌入到模型中。深度学习中最常用的三种正则化方式分别为：① 关于数据 $\mathscr{D} = \{(x_1, y_1), \cdots, (x_N, y_N)\}$ 的正则化；②关于结构 $f^*(\cdot)$ 的正则化；③加入正则项 $R(\cdots)$ 的正则化，此时网络代价函数由式 (1.1) 扩展如下：

$$\mathcal{L} = \sum_i E(f^*(x_i; \theta), y_i) + \alpha R(\cdot) \tag{1.2}$$

下面将分别对这三类最常用的正则化方法进行分析。

1. 关于数据的正则化

关于数据的正则化方法中主流的一类方法是数据增强, 一般指通过添加噪声和干扰的方式扩充训练数据集 $\mathscr{D}$[45-48]。理想情况下, 如果给定一个覆盖了所有样本空间可能性的训练数据集, 那么模型在测试数据上也可以达到优秀性能, 所以增大训练数据集也是一个提升模型泛化能力的有效方式。对于某些特定的问题来说, 数据增强是很容易实现的。例如, 图像识别问题中, 输入图像 x 的旋转、平移、翻转、尺度缩放等多种变化都不会改变其标签 y, 因此每个标注样本对 (x,y) 可扩充为多组样本对 $(x',y),(x'',y),\cdots$。此外, 直接在输入数据 x 上加入少量噪声也是一种关于数据的正则化方式[49, 50]。

深度学习中通用的技巧之一 Dropout[51], 也可以被认为是一种关于数据的正则化方法。Dropout 指在网络的节点上加入 0/1 的随机掩码, 所以网络训练时被激活的节点是随机的, 这可以看成是在数据上乘上对应的随机二值掩码。

此外, 批标准化 (batch normalization, BN)[52] 也可以看成是一种数据正则化方法, 它对每个批 (batch) 的特征层分布进行标准化操作, 也就是说每个训练样本不再作为一个独立样本, Ioffe 和 Szegedy[52] 认为这有助于提高网络的泛化能力。

2. 关于结构的正则化

深度神经网络结构 $f^*(\cdot)$ 的设计本身也可以看成是一种正则化方法, 这意味着将关于待拟合问题的先验知识表示在了结构设计中。举例来说, 如果 $f^*(\cdot)$ 由一个层数较浅、参数较少的网络来构成, 则说明先验知识表明待拟合问题本身的复杂度较低, 反之, 如果 $f^*(\cdot)$ 采用一个层数较深、参数较多的网络结构, 则说明先验知识认为待拟合问题本身是复杂的, 且这个复杂问题可以通过逐层抽象的方式来拟合。

卷积神经网络[34, 53, 54] 是一种关于结构的正则化方法。相比全连接网络, 卷积神经网络中卷积层 (convolutional layer) 所考虑的先验知识的特征往往是局部的, 因此一个相同的卷积核可以应用于全图的特征提取, 而池化层 (pooling layer) 所假设的先验知识是输入样本的响应在局部范围内是不变的。

除了规定网络中每一层的基本操作之外, 还有一类关于结构的正则化方法是约束整个网络中的连接方式。相比于深度前馈网络中的基本连接方式, 即 1.2.1 节中介绍的逐层级联的链式结构, 跳跃连接 (skip connection) 属于一种正则化连接方法, 例如, 将网络中第 i 层的特征与第 j 层的特征进行并联并作为第 $j+1$ 层的输入[46, 55]，其中 $j > i+1$。采用跳跃连接的思路而建立的残差网络 (ResNet)[18,56] 也是近年来被广泛应用的一种网络结构，它通过跳跃连接构造对于残差的学习，而非关于任务本身的学习，因此它的先验假设是残差的学习相比于直接学习任务本身难度更低，一系列基于 ResNet 的优秀成果也验证了这一假设的正确性[57, 58]。

多任务学习也可以看成是一种关于结构的正则化方法[59-61]，即网络由一个单输入单输出的结构改变成单输入多输出，甚至多输入多输出的结构。此时网络除拟合 $y = f(x)$ 还需要拟合多组 $y^{(i)} = f^{(i)}(x^{(i)})$，其中多个任务的输入可以是相同的。在这类网络结构中，一般部分参数属于多任务共享，而另一部分参数单独用于其中某个任务。在基于深度学习的多任务学习上，Wang 等[59] 提出同时从单目图像估计每个像素的语义信息以及深度信息；Cadena 等[60] 在此基础上进一步考虑了对原图像的重构，即同时考虑图像重构，深度估计以及语义分割；Cheng 等[61] 以松耦合形式同时估计语义分割以及光流。将无标注数据引入学习过程的半监督学习 (semi-supervised learning) 也属于多任务学习的结构正则[62, 63]，此时网络不仅需要拟合训练样本输入与输出之间的联合概率密度 $P(x,y)$，还需要拟合所有有标注数据与无标注数据的概率密度分布 $P(x)$。

3. 加入正则项的正则化

如式 (1.2) 所示，除了在数据或结构中嵌入先验知识之外，还有一类正则化方法是直接在代价函数中加入正则项 $R(\cdot)$。$R(\cdot)$ 的形式根据先验知识而定，按先验知识的不同，又可以分为关于参数的正则、关于隐层的正则以及关于输出的正则。

关于参数的正则是机器学习算法中最常用的正则方法，它直接约束网络中的参数 θ，其中最常见的是 2 范数参数正则 (ℓ_2 parameter regularization) 以及 1 范数参数正则 (ℓ_1 parameter regularization)。深度学习中的 2 范数正则通常被称为权值衰减 (weight decay)[64]，是深度学习中十分常用的正则方法[65-67]。相比于 2 范数正则，1 范数正则可以获得更为稀疏的参数分布，即一部分参数数值会趋向于 0，也在一些深度学习文章中有所应用[68]。

关于隐层的正则也是深度学习中一类常见的正则化方法[31, 32, 69]，它约束学习的特征表示 h，这实际上也是对参数的一个非显式约束。特征表示约束中，最常见的是特征稀疏性约束。Poultney 等[31] 提出在自编码器的编码器和解码器之间插入一个稀疏化模块，将自编码器输出的非稀疏特征表示转化为稀疏特征；Lee 等[32]

和 Goodfellow 等[69] 均通过约束多个样本的平均特征表示 $\frac{1}{m}\sum_i h_i$ 接近于 0 而实现稀疏化特征表示；另外，Olshausen 和 Field[70] 以及 Bergstra[71] 在特征表示上加入从 t-分布导出的先验知识，Larochelle 和 Bengio[72] 约束特征表示的 KL 散度，均实现了对特征表示的稀疏约束。除此之外，还有一些关于特征表示约束的工作并不直接约束特征的稀疏性。Rifai 等[33] 约束隐层表示关于输入数据的雅可比矩阵范式，从而实现对于输入空间微小扰动的鲁棒性；Goroshin 和 LeCun[73] 鼓励隐层表示进入非线性激活函数 $s(\cdot)$ 的饱和区，即梯度等于 0 或逼近于 0 的区域，从而避免模型重构输入空间中的任意采样点，而注重于重构输入数据所在的低维流形结构。

关于输出的正则嵌入了关于输出的先验知识[74–76]，它直接约束网络估计的输出 y^*。Sajjadi 等[74] 提出约束相同输入 x 在不同转换下具有相近的 y，使网络对于输入的不同转换具有更好的泛化能力。Pereyra 等[76] 则约束网络估计的概率具有一个较低的熵值，从而使得网络对于估计的置信度更高，也被证明可以提升网络的泛化性能。在对图像像素进行分类的语义分割任务上，Bentaieb 和 Hamarneh[75] 直接通过正则项约束相邻像素点估计类别之间的平滑性。

1.3.3 深度学习在机器人环境感知的应用

深度学习的出色性能为实现具有高智能性的机器人提供了可能，而智能机器人的一个重要前提是具备环境感知能力，因此采用深度学习算法解决机器人的环境感知问题也是目前的研究趋势。

首先，深度学习广泛地应用于机器人的物体识别[77–80]、物体检测[81, 82]、路面识别[83–85] 以及语义分割[86–92] 等语义感知问题。其中，由于机器人工作环境的多样性提升了采集大量样本的难度，一些工作考虑了如何在较小的训练数据集下获得更优的性能[79, 87, 88]；而因为机器人本身具有多传感器的特性，还有一些工作侧重于如何有效地利用机器人的多传感器信息[80, 90, 91]，相比于计算机视觉中侧重对图像的处理，机器人环境感知中还可以使用激光雷达[93,94]，甚至是声学传感器[83] 和触觉传感器[95, 96] 等多类传感器。本书研究了机器人的场景识别与物体识别问题，通过将机器人工作环境的特性集成到深度学习正则化框架下，在提升了机器人在语义感知问题上泛化能力的同时减少了所需的训练样本数目。

除了定性的语义感知之外，深度学习在一系列定量估计问题上也被证明具有优秀的表现，如物体姿态估计[97,98]、运动估计[99]等，将传统的基于 2D 图像的感知扩展到了 3D 空间。另外，深度学习也可用于从 2D 图像估计 2.5D 深度图[100−105]、3D 物体重构[15−17,106−111] 和 3D 场景重构[112−114]。这些任务的初步成功说明了采用深度学习解决定量估计问题的可能。值得注意的是，这些重构任务本身是病态的，从而增加了深度学习估计正确输出的难度。本书同样在正则化的框架下，引入了有效的先验知识并提升了深度学习在定量感知问题上的泛化性。

1.4 本书组织结构

本书针对深度学习中的参数学习病态性和任务映射病态性问题，试图通过深度学习的正则化研究，将一系列先验知识嵌入到深度神经网络中，从而学习具有泛化能力的模型，提升算法在测试集上的准确率，并应用于一系列机器人环境感知任务。本书的组织结构如图 1.1 所示，其主要贡献包括以下四个部分。

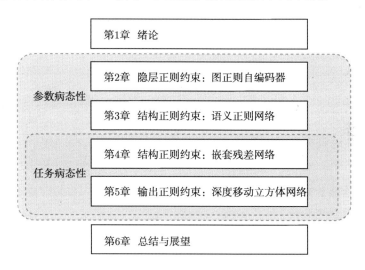

图 1.1 本书组织结构

• **关于隐层正则的图正则自编码器** 针对参数学习病态性问题，以流形假设 (manifold assumption) 为先验知识，通过正则项约束自编码器的隐层特征表示，使隐层特征空间保存输入空间的欧氏近邻关系，并通过理论分析说明图正则项有助于学习对于输入的小量干扰具有鲁棒性的特征表示，从而提升自编码器网络的泛化能力。为应用于机器人场景分类问题，进一步构造广义图正则化自编码器，将机器人空间移动坐标的近邻关系嵌入网络中，通过正则项约束相邻空间坐标点之间具有相似的场景类别，实现基于 2D 激光雷达数据的场景分类。

- **关于结构正则的语义正则网络** 针对参数学习病态性问题，以机器人多任务之间的相关性为先验知识，设计多任务协同学习的网络结构进行正则，通过多任务之间的协同感知提升神经网络的泛化性能，从而减小对于训练样本的需求。该正则化网络结构具体应用于机器人感知的场景分类和语义分割任务，通过语义分割任务对场景分类进行正则，从而使网络在理解物体层面知识的基础上理解场景，大幅度缩减了实现具备泛化能力的场景分类网络所需的训练样本数量。

- **关于结构正则的嵌套残差网络** 针对从单目图像估计深度的任务映射病态性问题，利用机器人多传感器特性引入稀疏深度观测并设计从稀疏观测生成稠密参考深度的算法，再考虑到稠密参考深度与真实深度的差值具有实际物理意义的先验知识，提出嵌套残差网络结构约束网络直接估计稠密参考深度图与真实深度图之间的残差。在单目图像深度估计任务上，仅以十分稀疏的深度观测 (如 2D 激光雷达数据) 为辅助便大幅度提升了基于单目图像深度估计的精度，说明嵌套残差网络可有效利用稀疏观测并在一定程度上降低单目深度估计的二义性。

- **关于输出正则的深度移动立方体网络** 针对从点云等原始观测重构物体三维网格模型 (polygon mesh) 的任务映射病态性问题，提出以端到端的形式从原始观测直接估计物体的三维网格模型，使得模型可嵌入关于物体三维网格模型的先验知识，再利用直接定义在输出上的正则项约束三维网格模型的平滑性以及内外表面信息，使网络估计的三维网格模型收敛至理想解，该网络可从原始观测中直接估计具有任意拓扑结构的三维网格模型以及其内外表面，对于机器人抓取等操作的感知具有重要意义。

如图 1.1 所示，本书第 1 章为绪论，介绍了本书的研究背景与意义，说明了本书研究的问题与挑战，并回顾了相关领域内的研究工作。第 2 章和第 3 章主要针对参数学习病态性问题，分别以关于隐层的正则和关于结构的正则方式提升网络的泛化性能，研究了图正则自编码器以及语义正则网络及其在机器人定性的语义感知问题上的应用。第 4 章和第 5 章更为关注的是任务本身的病态性。针对两类任务病态问题，分别提出了关于结构的正则以及关于输出的正则，研究了嵌套残差网络以及深度移动立方体算法网络及其在机器人定量的距离及结构感知上的应用。第 6 章对本书的工作进行了总结，并对未来的工作提出了展望。

第 2 章 隐层正则约束：图正则自编码器

2.1 引 言

人类可以直观理解的图像、语音等信息往往无法直接被分类或回归之类的机器学习算法所理解，这些信息的特点是分布在一个高维空间中。举例来说，对于一张 500×500 的 8 位图像，每个像素点取值范围均为 $0 \sim 255$，则该图片可以有 256^{250000} 种不同的取值。然而，这其中许多取值在现实世界中是不具备任何意义的，在人类看来也许只是随机的噪声，因此实际上人类可理解的图像分布在高维空间中的一个保持了局部欧氏特性的低维流形上，这便是知名的"流形假设"[115]。传统的机器学习领域有许多基于流形假设的特征提取及降维算法，如局部线性嵌入算法 (locally linear embedding, LLE)[116]、等距特征映射算法 (isometric feature mapping, ISOMAP)[117]、拉普拉斯特征映射算法 (Laplacian eigenmap)[118] 及图正则非负矩阵分解(graph regularized nonnegative matrix factorization, GNMF)等[119]，流形假设也被成功地应用于人体姿态估计、动作识别等实际问题中[120-122]。然而，这些传统的降维方法存在着几点局限，一是它们没有定义一个明确的从输入到特征的映射函数 $h = f(x)$，若不重新训练则无法直接应用于给定的新数据集；二是这些模型都属于浅层结构，因此处理复杂数据时有一定局限性[123]；三是 Bengio 和 LeCun[123] 指出 LLE、ISOMAP 以及 Laplacian eigenmap 等仅考虑近邻特性保留的方法难以在高维输入上获得理想的泛化性能。

为了解决从流形假设出发的传统算法存在的局限，本章提出了图正则自编码器 (graph regularized auto-encoder, GAE)，以流形假设为先验知识对自编码器学习的特征约束进行正则化约束，使学习的特征表示保持输入数据在欧氏空间的局部近邻特性。相比于传统的基于流形假设的降维算法，首先，GAE 定义了一个明确的特征映射函数 $h = f(x)$，可以直接应用于新数据集的特征提取；其次，GAE 可以通过多层叠加的方式构成深层神经网络，可以通过逐层特征抽象实现更强的模型表达能力；最后，本章的 GAE 在约束隐层保留输入邻域特性的同时约束其实现输入的重构，这种方式有利于提升模型在高维输入上的泛化性能[119]。在此基础上，本章通过理论推导分析了图正则项对于特征学习过程的具体影响，并在图像聚类与分类问题上验证了引入图正则项带来的性能提升。

从以往的研究中，许多研究人员也试图在自编码器的代价函数中引入正则项，通过正则化优化自编码器所学习的特征表示[31, 33]。稀疏自编码器 (sparse auto-encoder，SAE)[31, 32, 69, 72] 约束隐层特征表示是稀疏的，通过其稀疏特性避免模型完美地重构任意输入数据 (如包含噪声的输入)，而将重构范围缩小到样本分布的流形结构上。收缩自编码器 (contractive auto-encoder，CAE)[33, 124] 则通过约束隐层特征提取变换函数的雅可比矩阵，弱化隐层表示对输入噪声的敏感性。此外，去噪自编码器 (denoising auto-encoder，DAE)[49, 50, 125] 则直接在输入样本上加入微小扰动并要求网络重构无扰动的输入。从以上分析可见，这些正则化自编码器的一个共同点是要求特征表示对于输入的微小扰动是鲁棒的，而这一思路与流形假设的出发点也是相似的，也就是说与本章提出的 GAE 具有一定相似性，本章还将通过详细的理论推导分析图正则项给特征学习带来的具体影响，并在此理论分析的基础上探讨 GAE 与其他正则化自编码器 SAE、CAE 之间的关系。

流形假设这一先验知识也应用在除自编码器之外的深度学习模型上 (如多层感知器)[63, 126]，这些工作验证了在深度学习模型中引入局部一致性约束的有效性。此外，Yu 等[127] 和 Jia 等[128] 也研究了与本章相似的图正则自编码器，然而他们并没有通过理论分析来理解图正则项的作用机制，而本章通过理论分析解释了图正则项的内在作用机制，有助于对图正则项的系统理解。

本章还进一步说明图正则化可以从保持欧氏空间局部特性扩展到更广义的局部特性，从而嵌入对任务而言更具针对性的先验知识，并成功将其应用于 2D 激光点云的场景分类问题中。理解场景类别是人机交互、移动机器人等研究领域的一个重要问题[129, 130]，而移动机器人在空间中的移动坐标可以为场景分类问题提供丰富的先验知识，本章通过广义图正则自编码器来约束空间坐标相近的 2D 激光点云，使其具有相似的特征表示，从而学习保留了 2D 激光采样空间一致性的特征表示与类别。

2.2 图正则自编码器

本节首先介绍自编码器的定义，然后给出本章提出的图正则自编码器及栈式自编码器，再对图正则自编码器的近邻图构造方法及训练过程进行具体说明。

2.2.1 自编码器

自编码器[131]指一类试图使输出重构输入从而学习特征的方法。如图 2.1(a) 所示,对于给定的输入 x, 自编码器从中学习特征,设 $h = f_{\text{encoder}}(x)$, 并使输出 $\hat{x} = f_{\text{decoder}}(h)$ 逼近 x, 其中 $f_{\text{encoder}}(\cdot)$ 被直观地命名为编码器,而 $f_{\text{decoder}}(\cdot)$ 为解码器。一般来说,$f_{\text{encoder}}(\cdot)$ 和 $f_{\text{decoder}}(\cdot)$ 都是一个线性映射和一个非线性变换的组合,如 $f_{\text{encoder}}(\cdot) = s(Wx + b)$, 其中 $s(\cdot)$ 表示一个非线性函数,W 和 b 则为自编码器的可训练参数。栈式自编码器 (stacked auto-encoders)[33, 50] 是由多个自编码器组成的神经网络,其前一层自编码器所学习的特征表示作为后一层自编码器的输入,通过多层自编码器的累加构造的深度神经网络,图 2.1(b) 示意了由 3 个自编码器组成的栈式自编码器。因为这种多层非线性变换级联的方式,所以在相同的参数数量下栈式自编码器比一个单隐层的自编码器具有更强的表示能力,同时,它也仿照了人类大脑提取信息的方式,可以对特征进行分层提取和抽象。

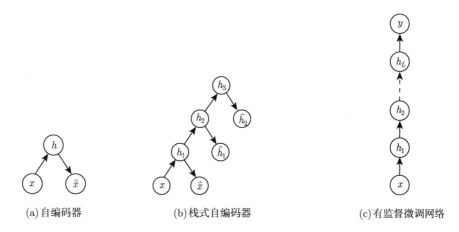

图 2.1 自编码器无监督预训练及有监督微调示意图

由图 2.1(a) 可见,自编码器的训练是无监督的,即其不要求给定任何标注数据 y。图 2.1(b) 中的栈式自编码器可以采用贪婪逐层预训练算法进行训练[30],即由低到高地单独对每一层的自编码器进行训练,训练时其他层的参数是固定不变的。在进行聚类或分类等任务时,通常采用无监督逐层预训练初始化图 2.1(b) 中的栈式自编码器,然后保留其所有编码层,并在最末端的特征表示之后预测目标输出 y, 其网络结构如图 2.1(c) 所示。图 2.1(c) 中的网络可以进一步进行端到端的有监督训练,从而拟合 $y = f(x)$, 这个过程称为微调 (fine-tuning)。

2.2.2 单隐层图正则化自编码器

给定 m 个训练样本组成的输入矩阵 $\boldsymbol{X} \in \mathbb{R}^{n \times m}$，矩阵中的每一列是一个输入向量 $\boldsymbol{x} \in \mathbb{R}^{n \times 1}$，单隐层自编码器的目标是学习与输入矩阵相应的特征表示矩阵 $\boldsymbol{H} \in \mathbb{R}^{l \times m}$。令 $s(x) = 1/(1+\mathrm{e}^{-x})$ 表示 Sigmoid 函数，则一个自编码器的编码器和解码器可以分别表示如下：

$$\begin{aligned} \boldsymbol{H} &= s(\boldsymbol{W}\boldsymbol{X} + \mathrm{reap}(\boldsymbol{b})) \\ \hat{\boldsymbol{X}} &= s(\boldsymbol{W}^\mathrm{T}\boldsymbol{H} + \mathrm{reap}(\boldsymbol{c})) \end{aligned} \tag{2.1}$$

式中 $\hat{\boldsymbol{X}}$ 表示重构的特征，$\boldsymbol{W} \in \mathbb{R}^{l \times n}$ 为网络的可训练参数，$\boldsymbol{b} \in \mathbb{R}^{l \times 1}$ 和 $\boldsymbol{c} \in \mathbb{R}^{n \times 1}$ 是偏置参数，$\mathrm{reap}(\boldsymbol{x})$ 表示将向量 $\boldsymbol{x} \in \mathbb{R}^{n \times 1}$ 按列重复 m 次构成属于 $\mathbb{R}^{n \times m}$ 的矩阵。由式 (2.1) 可见，编码器与解码器中的权值矩阵 $\boldsymbol{W}$ 互为转置，这种做法称为权重绑定 (weight tying)，也是自编码器中常用的一种正则化手段[33, 73, 128]。值得一提的是，Sigmoid 函数 $s(x)$ 的输出范围为 $[0,1]$，依照 Rifai 等[33] 的定义，本章定义 $s(x)$ 数值低于 0.05 或高于 0.95 的区域为饱和区，图 2.2 给出了 $s(x)$ 及其饱和区的示意图，可见饱和区内函数值 $s(x)$ 随 x 的变化较小，分布较为平坦。

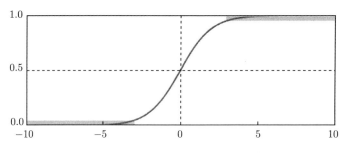

图 2.2 Sigmoid 函数及其饱和区示意图

根据流形假设，输入样本 $\boldsymbol{X}$ 分布在一个高维空间中的低维流形上，即在低维的特征空间中样本仍然具有局部欧氏特性。因此，一个合理的假设是如果两个样本 $\boldsymbol{x}_i$ 和 $\boldsymbol{x}_j$ 在高维空间中是接近的，那么它们对应的特征表示 $\boldsymbol{h}_i$ 和 $\boldsymbol{h}_j$ 也应该是接近的，这个假设一般称为局部一致性，它在许多降维算法中发挥着重要作用[116, 118, 132]。本章将局部一致性约束作为正则项引入自编码器，得到如下所示的代价函数：

$$\mathcal{L} = \frac{1}{m}\sum_{i=1}^{m} \|\boldsymbol{x}_i - \hat{\boldsymbol{x}}_i\|^2 + \frac{\lambda}{m}\sum_{i=1}^{m}\sum_{j=1}^{m} v_{ij}\|\boldsymbol{h}_i - \boldsymbol{h}_j\|^2 \tag{2.2}$$

2.2 图正则自编码器

式中第一项为约束输出重构输入的重构代价函数，第二项为本章提出的图正则项，其中 m 为样本总数，λ 为正则项的参数，v_{ij} 是约束两个特征表示 $\boldsymbol{h}_i$ 和 $\boldsymbol{h}_j$ 之间接近程度的权重。令 $\boldsymbol{V}=[v_{ij}]_{m\times m}$，$v_{ij}$ 可以根据 $\boldsymbol{x}_i$ 与 $\boldsymbol{x}_j$ 在欧氏空间的近邻程度计算得到，也可以根据 $\boldsymbol{x}_i$ 与 $\boldsymbol{x}_j$ 在其他空间的近邻性获得，由于 $\boldsymbol{V}$ 表征了所有输入样本之间的近邻性，因此称之为 "近邻图"，其对应的正则项称为 "图正则项"。值得一提的是，近邻图 $\boldsymbol{V}$ 是一个稀疏矩阵，即每个样本仅和它近邻的少数样本相连，因此尽管图正则项中包含 $m\times m$ 项的加和，其规范化参数仍然取值为 $1/m$，本章将于 2.2.4 节中详细介绍 $\boldsymbol{V}$ 的构成方法。在图正则项的约束下，当 $\boldsymbol{x}_i$ 与 $\boldsymbol{x}_j$ 在指定的空间内越接近时，它们对应的特征表示 $\boldsymbol{h}_i$ 和 $\boldsymbol{h}_j$ 也会被约束得更为接近，理想情况下，图正则化会增强特征表示对于输入样本噪声的鲁棒性，本章将在 2.3 节中进一步分析图正则项给隐层特征表示带来的本质影响。

为便于后文分析，式 (2.2) 可重新表达成如下的矩阵化形式：

$$\mathcal{L} = \frac{1}{m}\|\boldsymbol{X}-\hat{\boldsymbol{X}}\|_F^2 + \frac{\lambda}{m}\mathrm{tr}(\boldsymbol{H}\boldsymbol{L}\boldsymbol{H}^{\mathrm{T}}) \tag{2.3}$$

式中 $\mathrm{tr}(\cdot)$ 表示矩阵的迹，即矩阵对角线元素之和，$\boldsymbol{L}$ 为拉普拉斯矩阵 (Laplacian matrix)：

$$\boldsymbol{L} = \boldsymbol{D}_1 + \boldsymbol{D}_2 - 2\boldsymbol{V} \tag{2.4}$$

$\boldsymbol{D}_1 = [d_{ij}^1]_{m\times m}$ 和 $\boldsymbol{D}_2 = [d_{ij}^2]_{m\times m}$ 是两个对角矩阵，对角线上的元素分别为 $d_{ii}^1 = \sum_j v_{ij}$ 以及 $d_{jj}^2 = \sum_i v_{ij}$。图正则项的具体矩阵化过程如下：

$$\begin{aligned}
&\sum_i\sum_j v_{ij}\|\boldsymbol{h}_i-\boldsymbol{h}_j\|^2 \\
&= \sum_i \boldsymbol{h}_i^{\mathrm{T}}\sum_j v_{ij}\boldsymbol{h}_i + \sum_j \boldsymbol{h}_j^{\mathrm{T}}\sum_i v_{ij}\boldsymbol{h}_j - 2\sum_i\sum_j \boldsymbol{h}_i v_{ij}\boldsymbol{h}_j \\
&= \mathrm{tr}(\boldsymbol{H}\boldsymbol{D}_1\boldsymbol{H}^{\mathrm{T}}) + \mathrm{tr}(\boldsymbol{H}\boldsymbol{D}_2\boldsymbol{H}^{\mathrm{T}}) - 2\mathrm{tr}(\boldsymbol{H}\boldsymbol{V}\boldsymbol{H}^{\mathrm{T}}) \\
&= \mathrm{tr}(\boldsymbol{H}\boldsymbol{L}\boldsymbol{H}^{\mathrm{T}})
\end{aligned} \tag{2.5}$$

令自编码器网络的所有参数为 $\boldsymbol{\theta}=\{\boldsymbol{W},\boldsymbol{b},\boldsymbol{c}\}$，则网络训练的目标是找到一组最小化图正则化自编码器代价函数式 (2.3) 的参数：

$$\hat{\boldsymbol{\theta}} = \arg\min\left(\frac{1}{m}\|\boldsymbol{X}-\hat{\boldsymbol{X}}\|_F^2 + \frac{\lambda}{m}\mathrm{tr}(\boldsymbol{H}\boldsymbol{L}\boldsymbol{H}^{\mathrm{T}})\right) \tag{2.6}$$

本章将在 2.2.5 节中详细介绍网络训练的算法。

2.2.3 栈式图正则化自编码器

如 2.2.1 节中提到,多个单隐层自编码器可以堆叠构成可表示能力更强的栈式自编码器。本章的图正则化也可以用于栈式自编码器中。令 H_i 为栈式编码器中第 i 层的特征表示以及 $\hat{X}_i$ 为它对应的重构。如图 2.1(b) 所示,第 i 层的输入为第 $i-1$ 层的特征表示,因此第 i 层的自编码器可用公式表示如下:

$$\begin{aligned} H_i &= s(W_i H_{i-1} + b_i) \\ \hat{X}_i &= s(W_i^\mathrm{T} H_i + c_i) \end{aligned} \quad (2.7)$$

令栈式自编码器网络的第 i 层自编码器的所有参数为 $\theta_i = \{W_i, b_i, c_i\}$,则网络的训练试图优化 $\hat{\theta}_i$ 如下所示:

$$\hat{\theta}_i = \arg\min \left(\frac{1}{m}\|H_{i-1} - \hat{X}_i\|^2 + \frac{\lambda}{m}\mathrm{tr}(H_i L H_i^\mathrm{T}) \right) \quad (2.8)$$

值得注意的是,任意一层的自编码器中所采用的拉普拉斯矩阵 L 是相同的,即所有层的隐层表示都将保持原始输入空间中的近邻特性。

2.2.4 近邻图构造

GAE 中,近邻图 V 的构造对于特征表示学习有着重要影响。如前文提到的,V 可以直接通过样本 X 在欧氏空间的近邻性计算来构造,也可以由 X 在其他空间的关系距离来构造。本节侧重于介绍根据样本在欧氏空间距离构造 V 的几种方式,后文 2.5 节中将详细介绍根据任务特定先验信息而构造 V 的方式。

近邻图的构造可以分为两步,首先是确定任意两个样本之间是否近邻,若两个样本相邻则称为样本之间有一条边,其次是确定近邻样本之间边的权重。对于第一步,本章考虑了两种构造方式。

- **KNN 连接** 对于每个样本,寻找其最近的 k 个样本并与之相连;
- **ϵ 连接** 对于每个样本,寻找与其距离小于 ϵ 的所有样本并与之相连。

由这两种构造方法可见,通过 ϵ 连接构造的 V 是对称的,而通过 KNN 连接构造的 V 是不对称的,也就是说本章并不限定近邻图 V 的对称性。KNN 连接中的不对称性也许可以减少不必要的连接带来的负面影响。若 x_i 与 x_j 相连,则下一步骤是根据 x_i 与 x_j 在欧氏空间的距离确定 v_{ij} 的数值。由代价函数式 (2.2) 可见,两个样本更接近,则它们之间相连边的权值应该更大。令 $x_j \in N(x_i)$ 表示 x_j 属于 x_i 的近邻样本,则本章所考虑的权重计算方式如下:

2.2 图正则自编码器

- **二值化权值** 如果 $x_j \in N(x_i)$，则 $v_{ij} = 1$，否则 $v_{ij} = 0$；
- **核函数权值** 如果 $x_j \in N(x_i)$，则

$$v_{ij} = e^{-\frac{\|x_i - x_j\|^2}{\sigma}} \tag{2.9}$$

否则 $v_{ij} = 0$。这里 σ 是一个常数。注意此时 v_{ij} 的取值区间也是 $[0,1]$。

2.2.5 模型训练

Hinton 和 Salakhutdinov 提出的贪婪逐层无监督预训练算法广泛地应用于栈式自编码器中。对于第 i 个自编码器，预训练的目标是优化式 (2.7) 得到 $\hat{\theta}_i$。预训练完成后每个自编码器的编码器权值可以累加在一起针对后续任务进行微调，如图 2.1(c) 所示。本节介绍引入图正则项后 GAE 的无监督训练算法，重点在于对图正则项的求导与训练技巧。

通常，网络训练时无法一次性将所有训练样本 X 输入到网络中，而是每次从训练样本中随机取一小部分样本计算代价函数 $\mathcal{L}$ 并更新权值 θ，这种方式称为随机梯度下降算法 (stochastic gradient descent)，每次取出的小部分训练样本称为一个批。假设随机抽取的样本数为 $\hat{m}$，对于图正则项来说，随机抽取训练样本的做法相当于从一个 $m \times m$ 的近邻图 V 中随机选取一个大小为 $\hat{m} \times \hat{m}$ 的子矩阵，且 $\hat{m} \ll m$。考虑到 V 是稀疏的，这种随机抽取方式无法有效表征 V 中的近邻信息。因此，本章针对 GAE 调整随机梯度下降算法的批选取策略，从而使其可以有效地从稀疏矩阵 V 中采样近邻信息，详细的训练过程如表 2.1 中算法 1 所示。该算法首先随机采样数量非常小的样本，然后将这些样本与它们所有的近邻样本一起组成一个批并作为网络的输入。

表 2.1 中算法 1 需要计算网络参数 W, b, c 关于误差 $\mathcal{L}$ 的偏导数 $\Delta W, \Delta b, \Delta c$，本节也将给出引入图正则项后偏导数的具体计算过程。在算法实现时，表 2.1 中算法 1 对批 X_{batch} 中的每个样本及每组相邻样本计算梯度并更新权值的操作比较耗时，因此接下来的分析中进一步将每个批的梯度矩阵化，避免实现中的循环操作，随后的偏导数求解分析也建立在矩阵化数据的基础上。为方便后续分析，令 $X^{(1)}$ 为输入的批样本 X_{batch}，$X^{(2)}$ 为隐层输出，$X^{(3)}$ 为重构输出，并令 $Z^{(l)}$ 为第 l 层线性加和的输出①，即对于 $l = 2, 3$ 有 $X^{(l)} = s(Z^{(l)})$。根据梯度传播定理，首先计算"残差"$\delta^{(l)} = \frac{\partial \mathcal{L}}{\partial Z^{(l)}}$，则 $\Delta W, \Delta b, \Delta c$ 可以在残差的基础上计算得到。由于代价

---
① 本章定义单隐层自编码器由三层组成，分别为输入层、隐层、输出层。

函数 $\mathcal{L}$ 由重构误差和图正则项两部分组成，可以表示为 $\mathcal{L} = \mathcal{L}_{\text{rec}} + \mathcal{L}_{\text{graph}}$，所以梯度也可以对应地分解为两部分。具体来说，关于重构项的残差 $\boldsymbol{\delta}_{\text{rec}}^{(l)}$ 计算如下：

$$\boldsymbol{\delta}_{\text{rec}}^{(3)} = -2(\boldsymbol{X}^{(1)} - \boldsymbol{X}^{(3)}) \bullet s'(\boldsymbol{Z}^{(3)}) \tag{2.10}$$

$$\boldsymbol{\delta}_{\text{rec}}^{(2)} = (\boldsymbol{W}\boldsymbol{\delta}_{\text{rec}}^{(3)}) \bullet s'(\boldsymbol{Z}^{(2)}) \tag{2.11}$$

其中 $\bullet$ 表示 Hadamard 乘法，即两个相同大小矩阵对应位置的乘积。$s'(\cdot)$ 表示 Sigmoid 函数的导数，有 $s'(x) = s(x)(1 - s(x))$。关于图正则项，$\boldsymbol{\delta}_{\text{graph}}^{(l)}$ 计算如下：

$$\boldsymbol{\delta}_{\text{graph}}^{(3)} = 0 \tag{2.12}$$

$$\boldsymbol{\delta}_{\text{graph}}^{(2)} = (2\lambda \boldsymbol{X}^{(2)}(\boldsymbol{L} + \boldsymbol{L}^{\text{T}})) \bullet s'(\boldsymbol{Z}^{(2)}) \tag{2.13}$$

综合两项残差可得 $\boldsymbol{\delta}^{(2)} = \boldsymbol{\delta}_{\text{rec}}^{(2)} + \boldsymbol{\delta}_{\text{graph}}^{(2)}$ 以及 $\boldsymbol{\delta}^{(3)} = \boldsymbol{\delta}_{\text{rec}}^{(3)} + \boldsymbol{\delta}_{\text{graph}}^{(3)}$。最后，偏导数可计算如下：

$$\Delta \boldsymbol{W} = \frac{1}{m_1 + m_2} \left((\boldsymbol{\delta}^{(2)})(\boldsymbol{X}^{(1)})^{\text{T}} + (\boldsymbol{\delta}^{(3)})(\boldsymbol{X}^{(2)})^{\text{T}} \right) \tag{2.14}$$

$$\Delta \boldsymbol{b} = \frac{1}{m_1 + m_2} \sum_j \delta_{ij}^{(2)} \tag{2.15}$$

$$\Delta \boldsymbol{c} = \frac{1}{m_1 + m_2} \sum_j \delta_{ij}^{(3)} \tag{2.16}$$

其中 $\Delta \boldsymbol{W}$ 同时包含了 $\boldsymbol{\delta}^{(2)}$ 和 $\boldsymbol{\delta}^{(3)}$，这是由于 $\boldsymbol{W}$ 同时被包含于编码器和解码器中。

表 2.1　用于单隐层图正则化自编码器预训练的随机梯度下降算法

算法 1：用于单隐层图正则化自编码器预训练的随机梯度下降算法
输入：　输入数据集 $\boldsymbol{X}$，小量样本个数目 m_1，随机初始化的参数 $\boldsymbol{\theta} = \{\boldsymbol{W}, \boldsymbol{b}, \boldsymbol{c}\}$
输出：　无监督训练后的优化参数 $\boldsymbol{\theta} = \{\boldsymbol{W}, \boldsymbol{b}, \boldsymbol{c}\}$
1　针对输入数据集 $\boldsymbol{X}$ 计算近邻图 $\boldsymbol{V}$；
2　**while** 代价函数没有收敛 **do**
3　　从 $\boldsymbol{X}$ 中随机取 m_1 个样本，然后在这 m_1 个样本的所有近邻样本中选取 m_2 个样本，将它们组合在一起构成包含 $m_1 + m_2$ 个样本的 $\boldsymbol{X}_{\text{batch}}$；

4	对 X_{batch} 进行前馈运算，计算代价函数 $\mathcal{L}$;
5	令 $\Delta W = 0, \Delta b = 0, \Delta c = 0$;
6	for $x_i \in X_{\text{batch}}$ do
7	对于给定的 x_i，计算参数关于代价函数中重构误差项 $\mathcal{L}_{\text{rec}}$ 的梯度 $\Delta W_{\text{rec}}, \Delta b_{\text{rec}}$ 和 Δc_{rec};
8	$\Delta W = \Delta W + \dfrac{1}{m_1+m_2}\Delta W_{\text{rec}}$;
9	$\Delta b = \Delta b + \dfrac{1}{m_1+m_2}\Delta b_{\text{rec}}$;
10	$\Delta c = \Delta c + \dfrac{1}{m_1+m_2}\Delta c_{\text{rec}}$;
11	end
12	for $x_i, x_j \in X_{\text{batch}}$ do
13	对于给定的样本对 x_i, x_j，计算参数关于代价函数中图正则项 $\mathcal{L}_{\text{graph}}$ 的梯度 $\Delta W_{\text{graph}}, \Delta b_{\text{graph}}$ 和 Δc_{graph};
14	$\Delta W = \Delta W + \lambda\dfrac{1}{m_1+m_2}\Delta W_{\text{graph}}$;
15	$\Delta b = \Delta b + \lambda\dfrac{1}{m_1+m_2}\Delta b_{\text{graph}}$;
16	$\Delta c = \Delta c + \lambda\dfrac{1}{m_1+m_2}\Delta c_{\text{graph}}$;
17	end
18	$W = W - \Delta W$;
19	$b = b - \Delta b$;
20	$c = c - \Delta c$.
21	end

2.3 图正则化理论分析

从式 (2.2) 的代价函数定义可以直观地看出图正则项约束隐层表示保留输入空间的局部近邻性。本节将进一步根据理论推导分析 GAE 的内在原理，并且基于这一理论分析探讨 GAE，CAE 以及 SAE 之间的关系。

为解读图正则项对于隐层表示的影响，本章在连续空间展开数学分析。在连续空间中，假设有一个从概率密度分布 $p(x_i)$ 采样的样本 $x_i \in \mathbb{R}^m$ 以及它的近邻样本 x_j，x_j 服从条件概率密度 $p(x_j|x_i)$。为方便分析，在不失一般性的前提下本节采用 2.2.4 节中介绍的 ϵ 连接构造近邻图，并采用二值化权值给定边的权重，此时条件概率密度 $p(x_j|x_i)$ 在 x_i 的 ϵ 邻域内可以定义为

$$p(x_j|x_i) = \frac{p(x_i)\mathbf{1}_{\|x_i-x_j\|<\epsilon}}{Z(x_i)} \qquad (2.17)$$

其中 $Z(\boldsymbol{x}_i)$ 是保证 $p(\boldsymbol{x}_j|\boldsymbol{x}_i)$ 为一个合理概率密度分布的归一项。给定 $p(\boldsymbol{x}_j|\boldsymbol{x}_i)$，$\boldsymbol{x}_j$ 的条件均值和方差可计算如下：

$$\boldsymbol{\mu}_{\boldsymbol{x}_j|\boldsymbol{x}_i} = \int \boldsymbol{x}_j p(\boldsymbol{x}_j|\boldsymbol{x}_i)\mathrm{d}\boldsymbol{x}_j \tag{2.18}$$

$$\boldsymbol{\Sigma}_{\boldsymbol{x}_j|\boldsymbol{x}_i} = \int (\boldsymbol{x}_j - \boldsymbol{\mu}_{\boldsymbol{x}_j|\boldsymbol{x}_i})(\boldsymbol{x}_j - \boldsymbol{\mu}_{\boldsymbol{x}_j|\boldsymbol{x}_i})^{\mathrm{T}} p(\boldsymbol{x}_j|\boldsymbol{x}_i)\mathrm{d}\boldsymbol{x}_j \tag{2.19}$$

然后图正则项可以表示为式 (2.20) 所示的形式。

$$\begin{aligned}\mathcal{L}_{\mathrm{graph}} &= E\left[v_{ij}\|\boldsymbol{h}_i - \boldsymbol{h}_j\|^2\right] \\
&= \iint \|\boldsymbol{h}_i - (\boldsymbol{h}_i + \boldsymbol{J}_i(\boldsymbol{x}_i - \boldsymbol{x}_j) + o(\boldsymbol{\sigma}^2))\|^2 p(\boldsymbol{x}_j|\boldsymbol{x}_i)p(\boldsymbol{x}_i)\mathrm{d}\boldsymbol{x}_i\mathrm{d}\boldsymbol{x}_j \\
&\approx \iint \|\boldsymbol{J}_i(\boldsymbol{x}_i - \boldsymbol{x}_j)\|^2 p(\boldsymbol{x}_j|\boldsymbol{x}_i)p(\boldsymbol{x}_i)\mathrm{d}\boldsymbol{x}_i\mathrm{d}\boldsymbol{x}_j \\
&= \iint (\boldsymbol{x}_i - \boldsymbol{x}_j)^{\mathrm{T}} \boldsymbol{J}_i^{\mathrm{T}} \boldsymbol{J}_i (\boldsymbol{x}_i - \boldsymbol{x}_j) p(\boldsymbol{x}_j|\boldsymbol{x}_i)p(\boldsymbol{x}_i)\mathrm{d}\boldsymbol{x}_i\mathrm{d}\boldsymbol{x}_j \\
&= \iint \left(\boldsymbol{x}_j^{\mathrm{T}} \boldsymbol{J}_i^{\mathrm{T}} \boldsymbol{J}_i \boldsymbol{x}_j - 2\boldsymbol{x}_i^{\mathrm{T}} \boldsymbol{J}_i^{\mathrm{T}} \boldsymbol{J}_i \boldsymbol{x}_j + \boldsymbol{x}_i^{\mathrm{T}} \boldsymbol{J}_i^{\mathrm{T}} \boldsymbol{J}_i \boldsymbol{x}_i\right) p(\boldsymbol{x}_j|\boldsymbol{x}_i)\mathrm{d}\boldsymbol{x}_j p(\boldsymbol{x}_i)\mathrm{d}\boldsymbol{x}_i \\
&= \int \left(\mathrm{tr}\left[\boldsymbol{J}_i^{\mathrm{T}} \boldsymbol{J}_i \boldsymbol{\Sigma}_{\boldsymbol{x}_j|\boldsymbol{x}_i}\right] + \boldsymbol{\mu}_{\boldsymbol{x}_j|\boldsymbol{x}_i}^{\mathrm{T}} \boldsymbol{J}_i^{\mathrm{T}} \boldsymbol{J}_i \boldsymbol{\mu}_{\boldsymbol{x}_j|\boldsymbol{x}_i}\right. \\
&\quad \left. - 2\boldsymbol{x}_i^{\mathrm{T}} \boldsymbol{J}_i^{\mathrm{T}} \boldsymbol{J}_i \boldsymbol{\mu}_{\boldsymbol{x}_j|\boldsymbol{x}_i} + \boldsymbol{x}_i^{\mathrm{T}} \boldsymbol{J}_i^{\mathrm{T}} \boldsymbol{J}_i \boldsymbol{x}_i\right) p(\boldsymbol{x}_i)\mathrm{d}\boldsymbol{x}_i \\
&= \int \left(\mathrm{tr}\left[\boldsymbol{J}_i^{\mathrm{T}} \boldsymbol{J}_i \boldsymbol{\Sigma}_{\boldsymbol{x}_j|\boldsymbol{x}_i}\right] + \left(\boldsymbol{x}_i - \boldsymbol{\mu}_{\boldsymbol{x}_j|\boldsymbol{x}_i}\right)^{\mathrm{T}} \boldsymbol{J}_i^{\mathrm{T}} \boldsymbol{J}_i \left(\boldsymbol{x}_i - \boldsymbol{\mu}_{\boldsymbol{x}_j|\boldsymbol{x}_i}\right)\right) p(\boldsymbol{x}_i)\mathrm{d}\boldsymbol{x}_i \\
&= \int \left(\mathrm{tr}\left[\boldsymbol{J}_i^{\mathrm{T}} \boldsymbol{J}_i \boldsymbol{\Sigma}_{\boldsymbol{x}_j|\boldsymbol{x}_i}\right] + \mathrm{tr}\left[\boldsymbol{J}_i^{\mathrm{T}} \boldsymbol{J}_i \left(\boldsymbol{x}_i - \boldsymbol{\mu}_{\boldsymbol{x}_j|\boldsymbol{x}_i}\right)\left(\boldsymbol{x}_i - \boldsymbol{\mu}_{\boldsymbol{x}_j|\boldsymbol{x}_i}\right)^{\mathrm{T}}\right]\right) p(\boldsymbol{x}_i)\mathrm{d}\boldsymbol{x}_i \\
&= \int \left(\mathrm{tr}\left[\boldsymbol{J}_i^{\mathrm{T}} \boldsymbol{J}_i \left(\boldsymbol{\Sigma}_{\boldsymbol{x}_j|\boldsymbol{x}_i} + \left(\boldsymbol{x}_i - \boldsymbol{\mu}_{\boldsymbol{x}_j|\boldsymbol{x}_i}\right)\left(\boldsymbol{x}_i - \boldsymbol{\mu}_{\boldsymbol{x}_j|\boldsymbol{x}_i}\right)^{\mathrm{T}}\right)\right]\right) p(\boldsymbol{x}_i)\mathrm{d}\boldsymbol{x}_i \\
&= \int \mathrm{tr}[\boldsymbol{J}_i \boldsymbol{L}_i \boldsymbol{L}_i^{\mathrm{T}} \boldsymbol{J}_i^{\mathrm{T}}] p(\boldsymbol{x}_i)\mathrm{d}\boldsymbol{x}_i \\
&= E\left[\|\boldsymbol{J}\boldsymbol{L}\|_F^2\right] \end{aligned} \tag{2.20}$$

注意式 (2.20) 中对 $\boldsymbol{h}_j$ 进行了泰勒展开，即

$$\boldsymbol{h}_j = \boldsymbol{h}_i + \boldsymbol{J}_i(\boldsymbol{x}_i - \boldsymbol{x}_j) + o(\boldsymbol{\sigma}^2) \tag{2.21}$$

其中 $\boldsymbol{J}_i$ 表示编码器在一个给定样本 $\boldsymbol{x}_i$ 处的雅可比矩阵，忽略泰勒展开中的二阶项便得到了式 (2.20) 第三行的近似方程。第六行的等式则应用了二次型 $\boldsymbol{x}^{\mathrm{T}}\boldsymbol{\Lambda}\boldsymbol{x}$ 的

2.3 图正则化理论分析

期望计算法则:

$$E[\boldsymbol{x}^\mathrm{T}\boldsymbol{\Lambda}\boldsymbol{x}] = \mathrm{tr}[\boldsymbol{\Lambda}\boldsymbol{\Sigma}] + \boldsymbol{\mu}^\mathrm{T}\boldsymbol{\Lambda}\boldsymbol{\mu} \tag{2.22}$$

其中 $\boldsymbol{x}$ 是一个向量，$\boldsymbol{\mu}$ 和 $\boldsymbol{\Sigma}$ 分别是 $\boldsymbol{x}$ 的期望和方差矩阵。另外，$\boldsymbol{\Sigma}_{\boldsymbol{x}_j|\boldsymbol{x}_i}$ 和 $(\boldsymbol{x}_j - \boldsymbol{\mu}_{\boldsymbol{x}_j|\boldsymbol{x}_i})(\boldsymbol{x}_j - \boldsymbol{\mu}_{\boldsymbol{x}_j|\boldsymbol{x}_i})^\mathrm{T}$ 都是正定矩阵，因此可将其进行 Cholesky 分解得到第十行的 $\boldsymbol{\Sigma}_{\boldsymbol{x}_j|\boldsymbol{x}_i} + (\boldsymbol{x}_j - \boldsymbol{\mu}_{\boldsymbol{x}_j|\boldsymbol{x}_i})(\boldsymbol{x}_j - \boldsymbol{\mu}_{\boldsymbol{x}_j|\boldsymbol{x}_i})^\mathrm{T} = \boldsymbol{L}_i\boldsymbol{L}_i^\mathrm{T}$，其中 $\boldsymbol{L}_i$ 是一个对角线元素均为正的下三角矩阵。由式 (2.20) 可见，GAE 试图最小化加权雅可比矩阵的 F 范数，这与本章试图学习具有局部一致性特征表示的初衷是一致的。

2.3.1 图正则项对于输入空间的邻域特性建模

直观来说，加权矩阵 $\boldsymbol{L}_i$ 反映了样本 $\boldsymbol{x}_i$ 的邻域特性，本节以二维空间为例分析 $\boldsymbol{L}_i$ 对输入空间的邻域特性建模。由于 $\boldsymbol{L}_i\boldsymbol{L}_i^\mathrm{T}$ 为正定矩阵，可对 $\boldsymbol{L}_i\boldsymbol{L}_i^\mathrm{T}$ 进行特征值分解，如下所示:

$$\boldsymbol{L}_i\boldsymbol{L}_i^\mathrm{T} = \boldsymbol{Q}_i\boldsymbol{\Lambda}_i\boldsymbol{Q}_i^\mathrm{T} \tag{2.23}$$

其中 $\boldsymbol{Q}_i$ 是 $\boldsymbol{L}_i\boldsymbol{L}_i^\mathrm{T}$ 特征向量的组合，$\boldsymbol{\Lambda}_i$ 是由特征值组成的对角矩阵，因此 $\boldsymbol{L}_i = \boldsymbol{Q}_i\sqrt{\boldsymbol{\Lambda}_i}$。为了定性地研究 $\boldsymbol{L}_i$ 中表示的输入空间邻域特性，本节在二维上计算 $\boldsymbol{L}_i\boldsymbol{L}_i^\mathrm{T}$ 及其对应的 $\boldsymbol{Q}_i$ 与 $\boldsymbol{\Lambda}_i$，如图 2.3 所示，图中输入数据服从二维高斯分布，即 $p(\boldsymbol{x}_i) \sim N(\boldsymbol{\mu}, \boldsymbol{\sigma})$，且 $\boldsymbol{\mu} = [0,0]^\mathrm{T}$，$\boldsymbol{\sigma} = [3,0],[0,0.5]$。图 2.3 中的椭圆表示了二维的输入样本概率密度分布。本示例采用 $\epsilon = 0.3$，则条件概率密度分布 $p(\boldsymbol{x}_j|\boldsymbol{x}_i)$ 可以表示为

$$p(\boldsymbol{x}_j|\boldsymbol{x}_i) = \frac{p(\boldsymbol{x}_i)\mathbf{1}_{\|\boldsymbol{x}_i - \boldsymbol{x}_j\| < 0.3}}{Z(\boldsymbol{x}_i)} \tag{2.24}$$

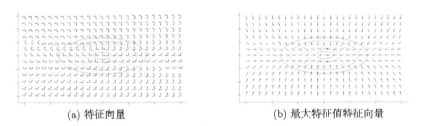

(a) 特征向量　　　　　　　　　(b) 最大特征值特征向量

图 2.3　采样点特征向量示意图 (后附彩图)

图 (a) 给出的是每个采样点上全部两个方向上的特征向量，由于 $\boldsymbol{L}_i\boldsymbol{L}_i^\mathrm{T}$ 是正定矩阵，所以两个方向上的特征向量是互相垂直的。图 (b) 给出的是每个采样点上最大特征值对应的特征向量，其中红色表示特征向量在水平方向的分量更大，而蓝色表示特征向量在竖直方向上投影更大。图中椭圆均表示了输入样本的二维高斯概率密度分布，位于相同椭圆上的采样点具有相等的概率密度

给定已知的输入数据分布,即可在任意一个输入样本点 x_i 处计算 $L_iL_i^T$ 以及其对应的 Q_i 与 Λ_i。图 2.3(a) 给出了一系列等间距样本点 x_i 上对应的 Q_i 中的特征向量,由于 $L_iL_i^T$ 的秩为 2,因此每个样本点对应两个特征向量。由图 2.3(a) 可见,即使在如此简单的二维高斯分布的示例中,不同样本的 ϵ 邻域内分布特性都是不一样的。对于分布在椭圆长轴和短轴上的采样点来说,它们的特征向量方向分别位于水平和竖直方向,对于其余采样点,它们的特征向量则有规律地旋转。注意到同一个椭圆代表着相同的概率密度,然而同一个椭圆上的采样点的特征向量也随采样位置变化而旋转。

图 2.3(a) 中主要分析了 Q_i 中特征向量的方向,除此之外,Λ_i 中特征值的大小也是一个重要的因素。为分析特征值的影响,图 2.3(b) 中保留了各个样本点上最大特征值对应的特征向量,并且用红色表示在水平方向分量更大的特征向量,用蓝色表示在竖直方向上分量更大的特征向量。由图可见,这些最大特征值对应的特征向量的主要分量根据采样位置的不同而变化,更值得一提的是,这些特征向量提供了一个对于输入空间的梯度估计。综上所见,L_i 反映了输入空间中样本邻域内的概率密度变化,并分别通过 Q_i 中的特征向量与 Λ_i 中的特征值反映这个变化的方向与大小。

2.3.2 图正则项对于隐层表示的影响

在本章提出的图正则项下,L_i 中反映的输入空间概率密度变化将经由雅可比矩阵传播到隐层空间中,本节通过分析隐层空间的方差进一步理解图正则项对于隐层空间的影响。首先,对于任意一组变量 x 和由 x 的非线性组合而成的变量 h,根据非线性函数的不确定性传播定理,h 的方差阵为

$$\Sigma^h = J\Sigma^x J^T \tag{2.25}$$

其中 J 为雅可比矩阵。注意到式 (2.20) 第九行中第一个分量 $\mathrm{tr}[J_i^T J_i \Sigma_{x_j|x_i}]$,由于循环改变矩阵相乘的顺序不改变乘积矩阵的迹,这一分量又可写成 $\mathrm{tr}[J_i \Sigma_{x_j|x_i} J_i^T]$,因此式 (2.25) 说明迹运算括号中的矩阵实际上就是在给定 x_i 的条件概率下隐层表示 h_j 的协方差矩阵,即

$$\Sigma_{h_j|x_i} = J_i \Sigma_{x_j|x_i} J_i^T \tag{2.26}$$

由此可见,$\Sigma_{h_j|x_i}$ 建模了经由雅可比矩阵传播到隐层空间的不确定性。为方便后

2.3 图正则化理论分析

续分析，令

$$J_{\text{cov}} \triangleq \text{tr}[\boldsymbol{J}_i \boldsymbol{\Sigma}_{\boldsymbol{x}_j | \boldsymbol{x}_i} \boldsymbol{J}_i^{\text{T}}] \tag{2.27}$$

由于矩阵的迹运算是对角线元素的加和，J_{cov} 可以重新写成

$$\begin{aligned} \boldsymbol{J}_{\text{cov}} &= \sum_p \boldsymbol{J}_{pi} \boldsymbol{\Sigma}_{\boldsymbol{x}_j | \boldsymbol{x}_i} \boldsymbol{J}_{pi}^{\text{T}} \\ &= \sum_p \boldsymbol{\Sigma}_{\boldsymbol{h}_{pj} | \boldsymbol{x}_i} \end{aligned} \tag{2.28}$$

其中 $\boldsymbol{\Sigma}_{\boldsymbol{h}_{pj}|\boldsymbol{x}_i}$ 表示隐层中第 p 个元素的不确定性。这说明 $\boldsymbol{J}_{\text{cov}}$ 实际上表征了每个隐层节点各自的方差之和，而没有考虑隐层节点之间的协方差。因此，最小化 $\boldsymbol{J}_{\text{cov}}$ 会要求隐层节点对于相邻样本的响应尽可能一致，从而在每个隐层节点上获得最小的方差，这将对自编码器学习的隐层表示带来如下两个影响。

- **影响 1** 对于每个隐层节点，它对于大部分样本点的响应将位于饱和区，这是由于饱和区数据分布平滑，因此方差更小；
- **影响 2** 对于近邻的输入样本，它们的隐层响应中同样处于饱和区的隐层节点是相似的，这样可以进一步减小隐层节点的方差，而余下的处于非饱和区的节点表示了数据之间的差异性。

这两点影响可以通过一个简单的实验来解释和验证。具体来说，将给定的 72 张同一个物体在不同姿态下的图像作为输入并令隐层维度等于 2，则 GAE 学习了每张图像对应的一个二维隐层表示。该示意性实验直接依物体的姿态为指标构造近邻图，即姿态接近的物体之间有一条边相连，这与通过图像之间的欧氏距离构造的近邻图是基本一致的。图 2.4 给出了输入样本与通过 GAE 学习到的二维隐层特征表示，由于特征表示是二维的，因此图 2.4 中部的每个二维坐标点对应了隐层空间中的一个样本。由图可见，通过 GAE 学习到的特征表示全部分布在单位正方形的边上，即所有样本至少有一个维度的特征表示是位于饱和区的 (逼近 0 或者 1)，这印证了上面提到的第一条影响；另外，图 2.4 也反映了物体姿态接近的图片之间隐层表示是接近的，这说明姿态接近的样本共享了相同的饱和节点，而一个非饱和节点用于表征它们之间的差异，这印证了上面提到的第二条影响。值得一提的是，尽管前面的分析中只考虑了式 (2.20) 中的第一个分量而得出了 GAE 对于隐层的影响，但这个示意性实验也验证了上述分析的有效性。本章会在 2.4 节中通过更具有一般性的实验分析这两点影响。

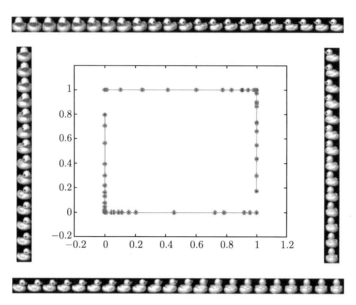

图 2.4　基于 GAE 的二维隐层表示可视化

给定输入 72 张同一个物体不同姿态下的图像，通过 GAE 的特征提取它们被投影到一个维度为 2 的隐层表示空间。图中每个二维星号点表示隐层空间中的一个样本，这些点在每条边长上的前后顺序与四周图像的顺序相对应，图中线段表示每条边长上相邻点之间的连接

2.3.3　图正则项与其他正则项的关系

在前面的理论分析基础上，本节进一步说明本章提出的 GAE 与已有的一些正则化自编码器的差别。对于 SAE，它在影响 1 上与 GAE 一致，因为 SAE 同样期望获得更多位于饱和区域的节点，这里的一个区别是 SAE 约束大部分隐层节点趋向于 0，从而实现稀疏约束，而 GAE 中隐层节点可以收敛至 0 或者 1。GAE 与 SAE 之间更主要的区别在于影响 2，SAE 并没有要求近邻样本之间共享相同的隐层饱和节点，所以 SAE 可以用不同的隐层饱和节点表示近邻的样本，从而输入空间中的近邻特性可能无法保存于隐层空间中。

前面提到过的 CAE 试图约束编码器非线性映射的雅可比矩阵如下：

$$\mathcal{L} = \frac{1}{m}\sum_{i=1}^{m}\|\boldsymbol{x}_i - \hat{\boldsymbol{x}}_i\|^2 + \frac{\lambda}{m}\sum_{i=1}^{m}\|\boldsymbol{J}_f(\boldsymbol{x}_i)\|_F^2 \tag{2.29}$$

值得一提的是，由式 (2.20) 可见，CAE 可以看成是 GAE 在 $\boldsymbol{L}_i\boldsymbol{L}_i^{\mathrm{T}}$ 为单位矩阵 $\boldsymbol{I}$ 时的一个特例，所以 CAE 与 GAE 具有一定的相似性，CAE 所学习的隐层特征表

示也具有对输入空间扰动具有鲁棒性的特点。对于影响1来说CAE与GAE是一致的,二者都约束了隐层节点的饱和特性。然而,CAE相当于假设每个样本点的局部邻域特性都是一致的,而由图2.3可见,即便是输入数据符合简单的二维高斯分布,这一假设也并不满足。如果只对$J_i J_i^T$进行约束,输入样本空间的局部特性则没有得到准确表述,因此,CAE学习的隐层表示可能丢失了一部分输入空间的近邻信息。当然,相比于没有考虑局部一致性的SAE而言,CAE表现更为出色。本章将在2.4节中通过实验进一步分析对比GAE,SAE与CAE之间的关系。

2.4 图像聚类与分类实验结果

本节在以图像为输入的两类通用机器学习任务、聚类与分类问题上验证本章所提GAE的有效性。

2.4.1 图像聚类实验

本节首先验证GAE的无监督特征学习能力,即仅根据式(2.7)逐层的训练栈式自编码器,使得训练的栈式自编码器可以从输入x中提取特征h。为了验证GAE学习的特征是否在降低输入样本维度的同时保留了输入样本的关键信息,本节将提取的特征作为k均值聚类算法(k-means clustering)的输入进行聚类,再通过对比聚类结果与样本实际对应的类别衡量特征学习的有效性。注意到特征提取与聚类过程都不需要样本x对应的类别y,因此本聚类实验中不对训练样本与测试样本进行区分。

1. 实验配置及对比方法

聚类实验在两个数据集MNIST[133]和COIL20[134]上展开。

- **MNIST**是一个知名的手写数字分类数据集,其中包含0到9的70000张手写数字图像,共计10类。在分类实验中,MNIST被划分为50000个训练样本,10000个检验样本以及10000个测试样本,本节直接在50000个训练样本上进行特征提取及聚类实验。
- **COIL20**中包含20个物体的1440张图像,每个物体对应多张不同姿态下的图像。本节聚类实验在所有1440张图像上展开。

图2.5给出了这两个数据集的示例。

(a) MNIST示例　　　　(b) COIL20示例

图 2.5　MNIST 与 COIL20 示例图

k 均值聚类算法的目的是将所有样本划分到 k 个集合中，使得每个集合内的方差最小，这些集合的标签与物体实际类别的标签 y 不一定是一一对应的。假设共有 n 个样本，对于 $i=1,2,\cdots,n$，令 x_i 为一个样本，y_i' 为其聚类集合的标签，y_i 为 x_i 实际对应类别的标签，并令 $\mathscr{Y}=\{y_1,\cdots,y_n\}$ 和 $\mathscr{Y}'=\{y_1',\cdots,y_n'\}$ 表示两组标签的集合，本节采用如下两个指标评估聚类结果的好坏。

- **归一化互信息熵** (normalized mutual information，NMI) 评估聚类结果与实际标签这两组集合之间的相似性。具体来说，首先计算两个集合 $\mathscr{Y}$ 与 $\mathscr{Y}'$ 的互信息 (mutual information) 如下：

$$\overline{MI}(\mathscr{Y},\mathscr{Y}') = \sum_{y_i\in\mathscr{Y},y_j'\in\mathscr{Y}'} p(y_i,y_j')\log\frac{p(y_i,y_j')}{p(y_i)p(y_j')} \tag{2.30}$$

其中 $p(y_i)$ 和 $p(y_j')$ 分别表示集合 $\mathscr{Y}$ 和 $\mathscr{Y}'$ 中取类别 y_i 与 y_j' 的边缘概率密度，$p(y_i,y_j')$ 表示 $\mathscr{Y}$ 与 $\mathscr{Y}'$ 的联合概率密度。然后互信息可归一化如下：

$$NMI(\mathscr{Y},\mathscr{Y}') = \frac{\overline{MI}(\mathscr{Y},\mathscr{Y}')}{\max(H(\mathscr{Y}),H(\mathscr{Y}'))} \tag{2.31}$$

其中 $H(\mathscr{Y})$ 和 $H(\mathscr{Y}')$ 分别表示集合 $\mathscr{Y}$ 和 $\mathscr{Y}'$ 的熵值。由其定义可见 $NMI(\mathscr{Y},\mathscr{Y}')=1$ 表示两个集合 $\mathscr{Y}$ 与 $\mathscr{Y}'$ 是完全相关的，$NMI(\mathscr{Y},\mathscr{Y}')=0$ 则说明两个集合是独立的。

- **准确率** (accuracy, AC) 一般用于检验分类算法的性能。在聚类实验中也可以

2.4 图像聚类与分类实验结果

首先将 $\mathscr{Y}'$ 投影到 $\mathscr{Y}$ 上,再评估准确率如下:

$$AC = \frac{1}{n}\sum_i \delta(y_i, \mathrm{map}(y_i')) \tag{2.32}$$

其中 $\delta(a,b)$ 在 $a=b$ 时输出为 1,否则输出为 0,$\mathrm{map}(y_i')$ 表示将 $\mathscr{Y}'$ 中的 k 个类别以最优方式投影到 $\mathscr{Y}$ 中的 k 个类别。

为了说明结合局部一致性与深度学习的优势,本节与传统的局部一致性算法 LPP 和 GNMF 进行了对比,也比较了原始自编码器 AE 以及其他的正则化自编码器。本节考虑的所有对比方法具体如下。

- **LPP** 局部保留投影 (locality preserving projection)[135] 是一个线性降维方法,它通过计算广义特征值进行降维并保持输入样本的局部特性:

$$\boldsymbol{X}\boldsymbol{L}\boldsymbol{X}^{\mathrm{T}}a = \lambda \boldsymbol{X}\boldsymbol{D}\boldsymbol{X}^{\mathrm{T}}a \tag{2.33}$$

其中 $\boldsymbol{L}$ 是式 (2.3) 中介绍的拉普拉斯矩阵,$\boldsymbol{D} = \boldsymbol{D}_1 + \boldsymbol{D}_2$ 是一个对角矩阵。

- **GNMF** 图正则非负矩阵分解(graph regularized nonnegative matrix factorization)[119] 将局部一致性约束引入非负矩阵分解,它可以用如下形式表示:

$$\hat{\boldsymbol{\theta}} = \arg\min \|\boldsymbol{X} - \boldsymbol{U}\boldsymbol{V}^{\mathrm{T}}\|_F^2 + \lambda \mathrm{tr}(\boldsymbol{V}^{\mathrm{T}}\boldsymbol{L}\boldsymbol{V}) \tag{2.34}$$

其中 $\boldsymbol{U}$ 和 $\boldsymbol{V}$ 中的元素都是非负的,$\boldsymbol{U} \in \mathbb{R}^{n \times l}$ 可以看作 l 个长度为 n 的基向量,$\boldsymbol{V} \in \mathbb{R}^{l \times m}$ 则是样本的特征表示。$\boldsymbol{L}$ 同样是式 (2.3) 中的拉普拉斯矩阵,λ 是图正则项的系数,实验中超参数 λ 通过网格搜索 (grid search) 确定。

- **AE** 不引入额外正则项的原始自编码器,作为本章基准对比方法。
- **SAE** 稀疏自编码器 (sparse auto-encoder)[31],根据 2.3 节中的介绍,SAE 可以表示如下:

$$\hat{\boldsymbol{\theta}} = \arg\min \|\boldsymbol{X} - \hat{\boldsymbol{X}}\|_F^2 + \eta \sum_j \mathrm{KL}(\rho|\rho_j) \tag{2.35}$$

其中 η 是稀疏约束项的系数,ρ 是一个大于 0 但接近于 0 的数值,ρ_j 是第 j 个隐层节点对于所有样本的响应的平均值。通过最小化每个节点的平均响应与一个指定的小数值 ρ 之间的 KL 距离,可以使每个节点对于大部分输入样本的响应接近于 0,从而得到稀疏特征表示。实验中 $\rho = 0.05$,η 通过网格搜索确定。

- **CAE** 2.3 节也对收缩自编码器 (contractive auto-encoder) 进行了简单介绍,它是一种性能领先的非监督特征提取方法,它试图最小化隐层响应函数的雅可比矩阵，其公式如下：

$$\hat{\boldsymbol{\theta}} = \arg\min \|\boldsymbol{X} - \hat{\boldsymbol{X}}\|_F^2 + \eta \|\boldsymbol{J}_f(\boldsymbol{x})\|_F^2 \tag{2.36}$$

其中 η 代表了正则项的权重稀疏，实验中超参数 η 的取值同样通过网格搜索确定。与本章提出的 GAE 类似，CAE 也试图学习一个具有局部一致性的特征表示，它是通过直接惩罚雅可比矩阵的范数实现的。

- **GAE** 本章提出的图正则自编码器 (graph regularized auto-encoder)，实验采用 2.2.4 节所介绍的 k 近邻图以及核函数权值，注意 GNMF 所用的近邻图与 GAE 所用的近邻图一致。超参数 k 以及 λ 也通过网格搜索确定。

2. 聚类结果

为公平起见，本节对比的所有特征学习方法所学习的特征维度是一致的。对于只包含浅层结构的 LPP 和 GNMF，其维度直接由输入样本的维度降至与类别个数 n_c 相等。对于所有自编码器方法，其隐层节点个数根据 MNIST 和 COIL20 的数据集规模设计。具体来说，MNIST 对应的栈式自编码器拥有 3 个隐层，每一层的节点个数分别为 784-500-500-n_c。COIL20 对应具有 2 个隐层的栈式自编码器，每一层的节点个数分别为 1024-200-n_c。本节采用 k 均值聚类对所有方法提取的 n_c 维特征进行聚类，将它们划分到 n_c 个集合中。

为获得更具有统计意义的结论，本节分别从 MNIST 和 COIL20 中随机抽取一部分类别为 n_c 的子集进行实验，且对于每个 n_c 重复 5 次子集抽取与特征提取实验，最后统计这 5 次实验的均值和方差。对于包含 10 个类别的 MNIST，n_c 取值分别为 5, 6, 7, 8, 9, 10，而对于包含 20 个类别的 COIL20，n_c 取值分别为 6, 8, 10, 12, 14, 16, 20。表 2.2 和表 2.3 分别展示了不同方法在 MNIST 和 COIL20 上的聚类性能。这两张表格中的第一行表示子集中包含的类别个数 n_c，表中显示了聚类性能评价指标 NMI 和 AC 在 5 次随机实验中的均值和方差。另外，表格最后一列总结了每个方法在所有 n_c 类子集上的平均表现。

如表 2.2 和表 2.3 所示，GAE 在 MNIST 和 COIL20 上学习的特征表示均获得了优越的聚类效果。对比 GAE 和 LPP 与 GNMF，可以注意到 LPP 和 GNMF 在 COIL20 上也有着不错的表现，然而受限于它们浅层结构的表达能力，它们在 MNIST 上性能显著下降，而本章提出的 GAE 在 MNIST 上的优势证明了深度神经网络在表达能力上的优势。值得一提的是，尽管 LPP 和 GNMF 都在 MNIST 上

2.4 图像聚类与分类实验结果

有明显下降，但 GNMF 的性能下降幅度相比于 LPP 更小，这也验证了 GNMF 中同时学习样本的重构并约束局部一致性的优势，这也是 GAE 的核心思路。对于自编码器而言，所有的正则化自编码器 SAE，CAE 和 GAE 都比原始的 AE 表现更好，这也是符合预期的。另外，GAE 比 SAE 和 CAE 的表现更佳，说明了 GAE 的有效性，后文将继续通过定性与定量实验挖掘 GAE 获得更优性能的原因。

表 2.2 MNIST 数据集上的聚类结果比较

评价指标	5	6	7	8	9	10	Avg.
LPP NMI	45.1 ± 11.3	47.3 ± 3.7	48.9 ± 6.3	43.8 ± 10.9	43.5 ± 4.4	46.4 ± 0.0	45.8
GNMF NMI	62.3 ±11.9	62.5 ±7.6	60.7 ±5.7	66.0 ∓8.7	68.2 ±5.5	64.7 ±4.4	64.1
AE NMI	47.9 ±10.0	41.9 ±7.9	43.2 ±5.5	41.5 ±5.5	42.4 ±1.8	40.4 ±1.0	42.9
SAE NMI	52.5 ±9.4	51.3 ±5.9	46.4 ±5.3	45.1 ±5.1	45.7 ±5.2	43.0 ±2.1	47.3
CAE NMI	59.5 ±7.2	58.4 ±3.8	55.2 ±10.6	54.8 ±5.5	53.3 ±1.6	49.4 ±2.8	55.1
GAE NMI	**70.4 ±11.5**	**70.0 ± 7.9**	**71.5 ±5.0**	**68.9 ±5.4**	**69.5 ±2.1**	**66.3 ±3.0**	**69.4**
LPP AC	58.6 ±11.5	57.1 ±2.8	55.9 ±4.9	50.4 ±8.8	47.6 ±3.7	50.1 ±0.1	53.3
GNMF AC	69.7 ±12.1	72.1 ±9.0	67.7 ±5.6	69.3 ±12.1	69.7 ±6.7	65.2 ±6.3	68.9
AE AC	69.9 ±8.3	56.9 ±6.7	54.4 ±5.8	53.5 ±6.0	52.6 ±4.8	49.6 ±1.3	56.2
SAE AC	73.1 ±7.7	65.8 ±4.9	61.9 ±9.6	57.7 ±5.7	57.6 ±6.4	52.9 ±3.4	61.5
CAE AC	71.4 ±8.3	70.4 ±6.3	65.4 ±11.2	62.6 ±5.0	60.5 ±3.0	54.6 ±3.3	64.2
GAE AC	**81.8 ±10.9**	**75.9 ±9.1**	**77.6 ±7.0**	**74.5 ±2.8**	**72.3 ±3.1**	**68.2 ±1.3**	**75.0**

表 2.3 COIL20 数据集上的聚类结果比较

评价指标	6	8	10	12	14	16	20	Avg.
LPP NMI	96.3 ±5.7	90.7 ±3.7	92.0 ±3.4	**90.1 ±3.1**	94.4 ±2.9	89.9 ± 3.1	**91.0 ±1.0**	92.1
GNMF NMI	91.8 ±8.2	89.6 ±3.9	92.4 ±4.0	89.0 ±3.9	91.4 ±5.2	86.2 ±5.6	83.2 ±2.0	89.1
AE NMI	72.9 ±8.0	74.0 ±8.1	72.7 ±9.2	73.7 ±3.4	76.0 ±3.3	76.8 ±2.8	75.3 ±1.0	74.5
SAE NMI	76.8 ±8.5	71.1 ±9.2	77.0 ±9.9	81.8 ±3.9	77.1 ±6.8	79.1 ±2.2	76.2 ±1.6	77.0
CAE NMI	81.9 ±5.5	81.1 ±10.1	76.2 ±8.6	77.7 ±5.7	79.0 ±5.0	75.3 ±4.3	76.6 ±0.7	78.3
GAE NMI	**96.8 ±4.1**	**92.5 ±5.4**	**92.3 ±6.6**	89.9 ±4.1	**94.8 ±1.1**	**89.9 ±3.1**	90.1 ±0.5	**92.3**
LPP AC	94.2 ±10.9	**88.8 ±6.6**	83.0 ±5.1	82.5 ±6.3	86.0 ±8.4	79.2 ±4.7	**82.7 ±3.4**	85.2
GNMF AC	91.8 ±8.6	87.0 ±8.5	86.7 ±7.0	82.0 ±4.3	85.5 ±9.0	79.5 ±7.3	71.5 ±3.6	83.4
AE AC	77.6 ±5.0	72.8 ±9.2	68.0 ±9.4	69.6 ±4.3	69.2 ±2.9	68.7 ±4.2	64.7 ±3.1	70.1
SAE AC	78.9 ±8.2	71.2 ±9.6	73.8 ±10.0	77.3 ±6.1	71.7 ±7.4	72.4 ±3.5	65.7 ±2.7	73.0
CAE AC	83.5 ±3.2	81.2 ±11.0	73.1 ±10.8	72.7 ±4.1	72.9 ±4.6	68.6 ±4.9	66.8 ±3.5	74.1
GAE AC	**97.4 ±3.8**	88.8 ±9.8	**88.0 ±10.6**	**85.1 ±6.7**	**90.3 ±2.5**	**81.2 ±3.4**	81.6 ±1.3	**87.5**

3. 隐层饱和度分析

为了检验前文提出的影响 1，即图约束项会鼓励隐层节点对于大部分样本的响应落在饱和区，表 2.4 分析了所有基于自编码器方法在两个数据集上的隐层节点饱和比例，注意表 2.4 中不包含 LPP 和 GNMF，这是由于 LPP 和 GNMF 的特征表示空间不存在饱和区。如 2.2.2 节提到的，本章定义节点的输出低于 0.05 或高于 0.95 时该节点是饱和的。按照这个定义，表 2.4 衡量了 MNIST 和 COIL20 数据集上所有样本对应的所有层隐层节点落在饱和区的比例，称之为饱和度。

由表 2.4 可见，GAE 鼓励隐层节点的响应落在饱和区，SAE 和 CAE 在其各自正则项的作用下同样学习了具有高饱和度的隐层表示，而原始的 AE 则具有低饱和度。与之相关的是 SAE，CAE 和 GAE 都在表 2.2 和表 2.3 中展示了优于原始 AE 的聚类性能，这说明饱和度可以在一定程度上反映表示学习的优劣。当然，聚类性能也并非完全正比于饱和度，接下来的实验将进一步说明在影响 2 的作用下 GAE 可以获得更优的性能。

表 2.4 隐层饱和度

自编码器方法	MNIST/%	COIL20/%
AE	20.74	38.35
SAE	78.46	91.77
CAE	92.11	80.38
GAE	82.80	88.97

4. 隐层表示可视化分析

为了进一步解释与理解图正则化的优势，本节对 2.4.1 节 3 中的饱和度分析中所用到的特征表示在二维空间中进行可视化。为此，本节采用一个常用的对高维数据进行可视化的算法 t-SNE[136]，将在 MNIST 和 COIL20 上所学习的维度为 n_c 的特征降维至 2 维，再对其进行可视化，如图 2.6 以及图 2.7 所示，图中结果验证了 GAE 关于隐层表示的第二条影响，即近邻的样本具有相似的隐层表示。

具体来说，图 2.6 显示了不同方法在 COIL20 数据集上所学习的特征表示。每张图片对应图中一个 2D 点，并且不同灰度的颜色标示着不同的类别，每张图中包含着 COIL20 中全部的 1440 个样本点。从直观上来说，这个定性结果与表 2.3 中显示的定量结果是一致的。LPP，GNMF 以及本章提出的 GAE 在类内距离以及类

2.4 图像聚类与分类实验结果

间距离上优于其他方法，说明了图正则化的有效性。对于 SAE 和 CAE，图中显示来自不同类别的样本更有可能在隐层表示空间中混合在一起，这也与 2.3.3 节中的分析是一致的。SAE 仅约束了特征表示的稀疏性，但是并没有如 GAE 的影响 2 中提到的要求近邻的样本采用相似的饱和节点表示；对于 CAE 而言，它在每个样本点上同等地约束雅可比矩阵，而 GAE 通过将输入空间的局部特性传播到隐层来实现对隐层方差的约束，从而实现了更好的性能。

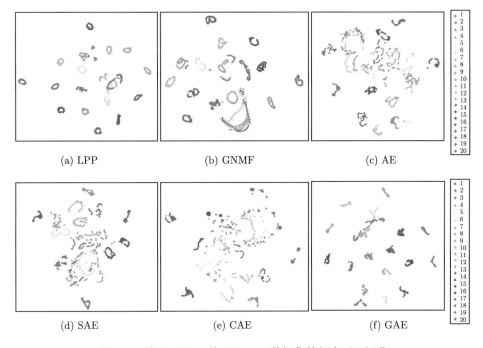

图 2.6　基于 t-SNE 的 COIL20 数据集特征表示可视化

图 2.7 同样显示了不同方法在 MNIST 上的特征表示，为避免样本点过于稠密，图中给出的是从 50000 个 MNIST 样本中随机采样的 10000 个样本。可以看到，图中的结果同样支持表 2.2 中得到的结论，即 GNMF 和 GAE 在 MNIST 的聚类上效果更佳。与图 2.6 中在 COIL20 上的结果类似，这里 GAE 相比于其他的自编码器算法同样保留了局部一致特性。注意图中 CAE 所学的特征表示位于多个近似流形的结构上，然而，一些不同类别的样本"收缩"到了同样的流形结构上。相比之下，GAE 同样部分地学习到了 CAE 中的"收缩"特性，然而，与此同时更好地保留了局部近邻特性。

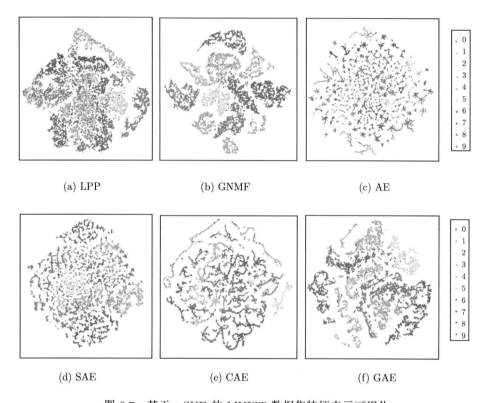

图 2.7 基于 t-SNE 的 MNIST 数据集特征表示可视化

2.4.2 图像分类实验

上一节的图像聚类实验验证了 GAE 在无监督特征学习的有效性。在此之上，本节通过分类实验进一步验证 GAE 的泛化性能。

1. 实验配置及对比方法

由于 COIL20 样本总量较小，因此本节的分类实验在以下两个数据集上展开。

- **MNIST** 如 2.4.1 节中提到，MNIST 总共包含 70000 个手写数字样本，依照通用的划分一般分为 50000 个训练样本，10000 个验证样本和 10000 个测试样本。
- **CIFAR-10** CIFAR-10 是一个包含了 10 类物体，共计 60000 张 RGB 图像的分类数据集，依照通用划分可分为 50000 张训练样本和 10000 张测试样本，本章进一步将 50000 张训练样本分为 45000 张训练样本和 5000 张验证样本。

2.4 图像聚类与分类实验结果

图 2.8 中给出了 CIFAR-10 的示例图，MNIST 的示例可见图 2.5。

图 2.8 CIFAR-10 的示例图

关于实验对比方法，本节评估了除 GNMF 之外的所有聚类算法实验中提到的方法，这是由于 GNMF 在式 (2.34) 中仅学习了解码器 U，即如何从特征向量 V 中重构输入 X，却没有学习一个从输入映射到特征的编码器，因此目前尚不明确如何将 GNMF 应用于测试数据来提取特征。相比之下，LPP 与所有基于自编码器的方法均在特征学习时学习了从输入映射到特征的编码器，因此在训练完成后可以直接将其应用于未见过的测试数据，进行特征提取。

2. 分类结果

表 2.5 中对比了不同方法在 MNIST 以及 CIFAR-10 上的分类性能。关于 MNIST 的分类网络，其结构与聚类实验中使用的网络结构一致，包含 3 个隐层且每一层节点数目分别为 784-500-500-10，最后一个隐层的输出作为 Softmax 分类器的输入，而 Softmax 将其归一化为一个符合概率密度分布条件的 10 维向量，即每个节点的输出位于区间 [0,1] 且所有节点的和为 1。对于网络的训练，网络中的

参数首先通过聚类实验中用到的无监督预训练算法进行逐层初始化，然后它们堆叠在一起，以交叉熵损失函数 (cross-entropy loss) 为分类误差对所有层的参数进行微调。微调采用了深度学习中常用的 Dropout 技巧以防止过拟合。将各方法在验证集上达到最优效果的一组网络参数应用于测试集，便得到了表 2.5 中所示的结果。

表 2.5　MNIST 和 CIFAR-10 上各方法误分类率比较

分类方法	MNIST/%	CIFAR-10/%
LPP	29.87	58.50
AE	1.29	54.35
SAE	1.21	33.28
CAE	1.18	33.38
GAE	1.07	32.75
Ranzato 等[138]	0.64	—
He 等[18]	—	7.77

对于 CIFAR-10，由于每张 RGB 图片的大小为 $32 \times 32 \times 3$，若将其直接表示为 3072 维的向量学习特征会导致输入维度过高，大幅度提高网络的复杂度。因此本章参考 Coates 等[137] 所采用的方法，从图像中随机提取 $8 \times 8 \times 3$ 的图像块，并在这些维度为 192 的图像块上学习特征，再通过卷积的思路将这些在图像块上学习的特征应用于全图的特征提取。具体来说，本章从 45000 张训练样本中随机抽取 160000 个大小为 $8 \times 8 \times 3$ 的图像块，并对这些图像块进行局部对比度归一化 (减去均值并除以均方差)，然后对其进行白化处理以降低特征相关性[137]。在此基础上，本章采用一个单隐层的自编码器对这些图像块无监督地学习特征表示，并设定隐层节点个数为 150，因此编码器的权重 $W \in \mathbb{R}^{192 \times 150}$ 可以看成 150 个维度为 192 的滤波器。单隐层自编码器训练完成后，这 150 个滤波器应用于大小为 $32 \times 32 \times 3$ 的输入图像，通过卷积操作得到一个 $25 \times 25 \times 150$ 的特征图。经过池化 (pooling) 操作后，这些特征图降维至 $2 \times 2 \times 150$，则每张图片表示一个 600 维的向量。最后，在该 600 维特征上训练一个 Softmax 分类器，并同样以交叉熵损失 (cross-entropy loss) 为分类误差进行训练。在验证数据和测试数据上，图像直接经过 150 个滤波器的卷积操作以及池化操作得到 600 维向量，并经过 Softmax 分类器得到分类结果。

如表 2.5 所示，GAE 在 MNIST 和 CIFAR-10 的测试集上均给出了优秀的分类结果，证明了 GAE 有助于泛化能力的提升。值得一提的是，LPP 在 MNIST 上

2.4 图像聚类与分类实验结果

的分类效果与在 CIFAR-10 上相比差距较大,主要有两点原因,一是 LPP 的浅层结构限制了它的表达能力,二是 LPP 学习的特征直接用于分类器的训练,而无法像其余自编码器方法一样在 MNIST 上对所有参数进行微调。表 2.5 中还给出了文章发表时在 MNIST 和 CIFAR-10 上世界最优的分类性能作为参考[18, 138],然而这两个方法都是基于卷积神经网络的,不在本章所探讨的全连接网络范围之内。

3. 参数可视化

图 2.9 给出了所有特征学习方法在 CIFAR-10 上所学习的 150 个滤波器,其中 LPP 的滤波器按照对应特征值由大到小排列。如图所示,在只有重构误差作为代价函数的情况下,原始的 AE 并不具有明确意义。SAE,CAE 和 GAE 所学习的参数则包括了边缘、颜色等信息,这也符合手工滤波器的特性,例如,一些经典的人工定义滤波器[139] 也是为提取边缘特征而设计的。这一结果解释了 SAE,CAE 以及 GAE 性能明显优于 AE 的原因。此外,SAE 和 CAE 之所以学习到了具有边缘特性的滤波器,是因为它们都直接或间接地约束了隐层节点的饱和度,而 GAE 也学习到了具有边缘特性的滤波器,说明 GAE 也间接地约束了隐层节点的饱和度,验证了 2.3.2 节中根据理论推导分析得到的影响 1。对于 LPP,由图可见它所学习的滤波器类似于主成分分析 (principal component analysis, PCA) 的作用,只是学习了图像块的全局特征,而没有学习到局部的边缘特性等。由此可见,在相同的图正则条件下,GAE 相比于 LPP 对局部特征具有更强的表示能力,进一步说明 GAE 结合了深度学习和流形学习二者的优势。

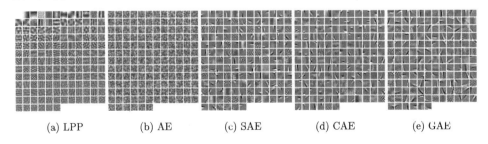

(a) LPP   (b) AE   (c) SAE   (d) CAE   (e) GAE

图 2.9 不同特征提取方法在 CIFAR-10 上学习的 150 个滤波器的可视化对比

为了更全面地理解 GAE,本节进一步分析 GAE 中的超参数对算法性能的影响,即观察 GAE 在不同的超参数下所学的滤波器。在 GAE 中,影响最重要的两个超参数分别为图正则项的系数 λ 以及构造 KNN 连接近邻图时 k 的大小。图 2.10

中首先固定 $k = 3$，并分析 λ 取值为 $[0, 1, 3, 5, 10, 30, 100, 300]$ 时所学的滤波器。图 2.11 则显示了 $\lambda = 3$ 而 k 取值为 $[0, 1, 2, 3, 5, 10, 15, 20]$ 的滤波器。在每组超参数组合下，图 2.10 和图 2.11 中给出了 GAE 所学的 150 个滤波器中随机选取的 16 个滤波器。

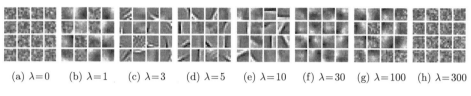

(a) $\lambda=0$ (b) $\lambda=1$ (c) $\lambda=3$ (d) $\lambda=5$ (e) $\lambda=10$ (f) $\lambda=30$ (g) $\lambda=100$ (h) $\lambda=300$

图 2.10　$k = 3$，λ 取不同值时 GAE 所学习的滤波器对比

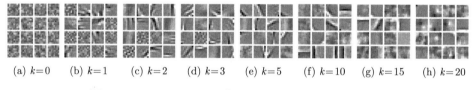

(a) $k=0$ (b) $k=1$ (c) $k=2$ (d) $k=3$ (e) $k=5$ (f) $k=10$ (g) $k=15$ (h) $k=20$

图 2.11　$\lambda = 3$，k 取不同值时 GAE 所学习的滤波器对比

由图 2.10 可见，在 $\lambda = 0$ 时 GAE 退化为原始的 AE，因此所学滤波器并不具有有意义的形状。随着 λ 的增长，滤波器中逐渐显露出边缘与颜色信息，GAE 的特征表示性能也随之优化。这同样与 2.3.2 节的理论分析相对应，影响 1 促使 GAE 学习到具有边缘特性的滤波器，而影响 2 的存在使得当 λ 取值适当时，隐层表示之间仍然具有一定区分性，因此这些边缘信息保持在适合提取局部特征的合适尺度。当 λ 过大时，过强的图正则项将导致所有隐层表示过度接近彼此，此时 GAE 所学习的是所有数据的平均表示，而缺失了用来表示数据之间差异的高频信息。从图 2.10 中也可以看出滤波器的边缘随着 λ 的进一步增大开始变得模糊，边缘所在区域被伸展，逐渐从局部的边缘特征变成了全局特征。$\lambda = 300$ 时，可以看到滤波器重新变成了随机分布，然而此时滤波器的幅值非常大，因此导致任意输入的响应 $\boldsymbol{Wx} + \boldsymbol{b}$ 都会进入 Sigmoid 函数的饱和区，这时图正则项在代价函数中占据了主导地位，隐层表示之间不再具有区分性。这是 GAE 的极端情况，同时也与 2.3.2 节中根据理论分析得到的两点影响是相符的，即图正则项会鼓励隐层表示进入饱和区，且相邻样本之间饱和节点相同。当 λ 固定而 k 增长时，近邻图的连接变得更加稠密，局部一致性的约束范围增大，因此，图 2.11 中滤波器的变化趋势与图 2.10 相似。

2.5 广义图正则化与场景分类

2.4 节通过图像聚类与分类实验验证了 GAE 在无监督特征学习与有监督训练上的优秀表现，该节实验中所用的近邻图是直接根据样本的欧氏距离构造而成的，因此隐层表示保留的是样本在欧氏空间的局部近邻特性。本节将近邻图的构造方法进一步推广，说明图正则项可嵌入更为广义的、针对应用任务的先验知识。具体来说，本节以基于 2D 激光点云的机器人场景分类问题为例验证这一思路。

传统基于2D激光雷达的场景分类方法往往采用人工设计特征提取方法[140, 141]，从 2D 点云中提取特征并分类，本节利用图正则栈式自编码器端到端地学习传感器信息 x 与场景类别 y 之间的映射函数 $y = f(x)$，从而避免人工的设计特征。考虑到在空间位置上更接近的两个点更有可能具有相同的类别，可将机器人在空间中的移动坐标作为先验知识嵌入到近邻图中，端到端地从 2D 激光雷达数据中学习具有局部一致性的特征表示。具体来说，近邻图设计时可以考虑机器人移动坐标之间的相对位置信息 d，即构造函数 $f^*(x, d; \theta)$ 来逼近 $f(x)$。

基于 2D 激光点云进行场景分类的另一个难点在于传感器视野 (field of views) 大小的影响。举例来说，若采用视野为 180° 的 2D 激光点云数据，则机器人在面对走廊的尽头时难以区分该处是走廊还是房间，而如果采用视野为 360° 的 2D 激光点云数据，那么机器人处于两个场景类别交界处附近时也难以作出正确分类。本节采用的 2D 激光雷达视野为 180°，并提出将激光点云数据以递归形式进行融合，从而构造视野从小到大的多级输入数据。

综上所述，本节的场景分类框架如图 2.12 所示，该框架由三部分组成。

- **递归多层级输入构造** 构造视野从小到大、拓扑结构从复杂到精简的多级输入数据，然后分别对每一级的输入数据进行独立的特征提取与分类。

- **广义图正则自编码器特征学习与分类** 采用广义图正则自编码器对每一级的 2D 激光点云数据进行端到端的特征提取与分类，之所以称之为"广义"，是因为近邻图的构造综合考虑了输入样本 x 的相似性以及不同输入样本的相对位置关系 d，从而嵌入场景分类任务特有的机器人移动位置先验信息。

- **基于置信树的决策** 获得多级输入数据对应的分类结果之后，根据各层级的类别估计概率构造多个置信树并提出使整体置信度最大化的决策算法。

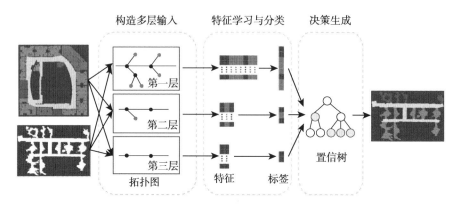

图 2.12 基于 GAE 的场景分类框架图

本章 2.5.1 节将说明如何利用广义图正则自编码器进行特征学习与分类，2.5.2 节将具体介绍多视野输入构造以及基于置信树的决策。

2.5.1 广义图正则自编码器

本节首先介绍嵌入机器人移动空间近邻关系的广义近邻图构造。首先，本节采用广义 Voronoi 图 (generalized voronoi graph, GVG)[142] 表示机器人坐标位置，令 $G = \{O, E\}$ 为一个 GVG，其中 O 和 E 分别表示 G 的节点和边，图中每个节点对应一组传感器信息 x，边则表示节点之间的相对位置信息 d。令 O 中包含的节点个数为 n，则 GAE 要求构造样本之间的近邻图 $\boldsymbol{V} \in \mathbb{R}^{n \times n}$，2.2.4 节中提到近邻图的构造分为两步，分别为连接关系和连接权重的确定，这两个步骤同样适用于本节考虑的广义近邻图的构造。在场景分类问题中，这两个步骤具体如下。

• G 中的边 E 可以直接用于确定样本之间的连接关系，即如果节点 o_i 与 o_j 之间通过边 e_{ij} 相连，那么在近邻图中 v_{ij} 的值不为零。

• 关于 v_{ij} 的取值，2.2.4 节中定义的是根据输入 $\boldsymbol{x}_i$ 和 $\boldsymbol{x}_j$ 之间的欧氏距离计算得到，而在这个问题中 v_{ij} 可以进一步嵌入机器人运动空间的先验知识，即在此基础上进一步考虑 o_i 与 o_j 各自采样点之间的距离 d_{ij}。直观来说，如果两个样本在采样点上距离越近并且这两个样本本身的欧氏距离更小，那么它们属于同一类别的可能性更大，因此它们对应的隐层表示也应该更为相似。v_{ij} 的具体计算公式如下：

$$v_{ij} = \frac{\alpha}{d_{ij}} + \frac{\beta}{\|\boldsymbol{x}_i - \boldsymbol{x}_j\|^2} \tag{2.37}$$

其中 α 和 β 是常量参数，可见式中第一项考虑了 d_{ij}，即 o_i 和 o_j 在采样空间的欧氏距离, 而第二项考虑了输入样本之间的欧氏距离。

这个近邻图权值构造方法合理权衡了样本采集距离和样本本身之间的距离。举例来说，如果一条边 e_{ij} 恰好位于两个类别 "房间" 和 "走廊" 的交界处，而其连接的两个节点 o_i 和 o_j 的真实类别分别对应这两类，此时尽管 d_{ij} 较小，但 $\|x_i - x_j\|^2$ 会较大，所以广义 GAE 不会要求这两个样本在隐层特征空间中过分接近，从而保持了它们之间的可区分性。

本节所考虑的场景分类问题中测试集上的 GVG 结构也是已知的，为了充分利用测试集上的机器人空间近邻信息，本节构造的广义近邻图同时包含训练节点与测试节点，而任意训练节点与测试节点之间的权值为 0。广义近邻图构造完成后，即可利用栈式广义 GAE 对场景进行端到端的特征提取与分类，栈式 GAE 的逐层无监督预训练同时考虑了训练节点与测试节点，而微调时只对训练节点进行考虑。

2.5.2 多层级输入构造以及结果融合

本节介绍如何构造多层级的输入 GVG 以及获得各层独立的预测结果之后如何融合各层结果。多层级输入可以以递归形式逐层累加形成，因此只需考虑如何从一个低层 GVG 生成一个高层 GVG 的构造算法，即可递归运用该算法得到多层 GVG。表 2.6 中算法 2 给出了从 $G^{(l)}$ 构造 $G^{(l+1)}$ 的具体步骤，其中 $N(o_i)$ 表示与 o_i 相连的节点的集合，numel(N) 表示集合 N 中节点的个数，则 numel($N(o_i)$) = 1 说明 o_i 是一个 "端节点"，$M(o_i)$ 表示所有与 o_i 相连的端节点，可见 $M(o_i)$ 是 $N(o_i)$ 的子集。表 2.6 中算法 2 的核心思想是将 $G^{(l)}$ 中所有端节点携带的传感器信息融合其对应的父节点中，并保留所有的非端节点作为 $G^{(l+1)}$ 的节点。

表 2.6 中算法 2 的第 4 行是指融合 $r_i^{(l)}$ 及其所有相邻位置节点对应的 $r_j^{(l)}$，这是一个常见的激光点云观测融合问题。具体来说，首先将所有 $r_j^{(l)}$ 投影到 $r_i^{(l)}$ 的坐标体系下，然后在此坐标下通过构造 2D 栅格占用地图融合所有观测，最后在该栅格地图上的 $o_i^{(l)}$ 位置放入一个分辨率为 $1°$ 的虚拟 2D 激光雷达，即可得到融合后的 2D 点云 $r_i^{(l+1)}$。注意到本节采用 $r_i^{(l)}$ 标注节点 $o_i^{(l)}$ 上对应的 2D 激光点云，以区分 $o_i^{(l)}$ 上作为 GAE 输入的 $x_i^{(l)}$，这是由于 $i+1$ 层得到的融合点云长度不等，因此 $r_i^{(l+1)}$ 的无观测部分将进行线性插值，从而得到长度相等 (均为 360) 的向量 $\hat{r}_i^{(l+1)}$ 作为 GAE 的输入，也就是说 $x_i^{(l+1)} = \hat{r}_i^{(l+1)}$。图 2.13 通过实例进一步对此过程进行了说明。

表 2.6　高层 GVG 生成算法

算法 2: 高层 GVG 生成算法

输入：$G^{(l)} = \{O^{(l)}, E^{(l)}\}$，每个节点 $o_i^{(l)}$ 上对应的 2D 激光点云 $\boldsymbol{r}_i^{(l)}$

输出：$G^{(l+1)} = \{O^{(l+1)}, E^{(l+1)}\}$，每个节点 $o_i^{(l+1)}$ 上对应的 2D 激光点云 $\boldsymbol{r}_i^{(l+1)}$

1　**for** $o_i^{(l)} \in O^{(l)}$ **do**
2　　**if** numel($N(o_i^{(l)})$) > 1 **then**
3　　　保留 $o_i^{(l)}$，即 $o_i^{(l+1)} = o_i^{(l)}$；
4　　　从 $\boldsymbol{r}_i^{(l)}$ 及所有 $o_j^{(l)} \in N(o_i^{(l)})$ 对应的 $\boldsymbol{r}_j^{(l)}$ 生成 $\boldsymbol{r}_i^{(l+1)}$ 和 $\hat{\boldsymbol{r}}_i^{(l+1)}$；
5　　**end**
6　　**for** $o_j^{(l)} \in N(o_i^{(l)})$ **do**
7　　　**if** $o_j^{(l)} \in M(o_i^{(l)})$ **then**
8　　　　消除 $e_{ij}^{(l)}$ 和 $o_i^{(l)}$；
9　　　**else**
10　　　　保留 $e_{ij}^{(l)}$，即 $e_{ij}^{(l+1)} = e_{ij}^{(l)}$；
11　　**end**
12　**end**
13 **end**

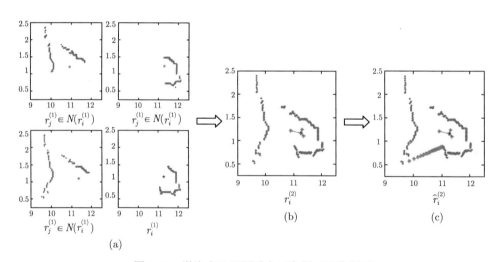

图 2.13　激光点云观测融合示意图 (后附彩图)

图中给出了如何构造 $\boldsymbol{r}_i^{(2)}$ 以及 $\hat{\boldsymbol{r}}_i^{(2)}$ 的一个实例，其中坐标轴单位为 m。图 (a) 中的四幅小图分别表示了 $o_i^{(l)}$ 对应的传感器信息 $\boldsymbol{r}_i^{(l)}$ 以及所有 $o_j^{(l)} \in N(o_i^{(l)})$ 对应的传感器信息 $\boldsymbol{r}_j^{(l)}$，其中黑色星号点表示 $o_i^{(l)}$，红色星号点表示所有 $o_j^{(l)}$ 对应的采样坐标点，蓝色点表示在当前采样坐标点下机器人观测得到的二维激光点云信息。图 (b) 表示通过融合激光观测获得的 $\boldsymbol{r}_i^{(2)}$。图 (c) 则表示经过插值后的 $\hat{\boldsymbol{r}}_i^{(2)}$，其中粉色点表示通过插值得到的新的点

2.5 广义图正则化与场景分类

通过递归地使用表 2.6 中的算法 2 即可获得节点个数从多到少、传感器视野从小到大的多级输入数据。图 2.14 给出了多级 GVG 的示意图,考虑到随着级数的增加,端节点的数量随之减少,本章取 GVG 层数 $L = 3$。

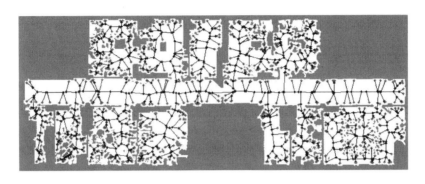

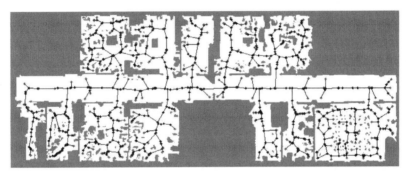

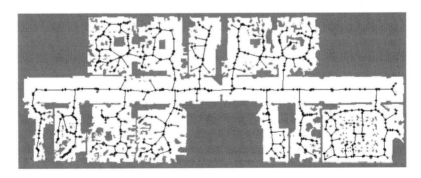

图 2.14 Fr79 上的多级 GVG 示意图

图中自上而下地给出了 Fr79 上的 GVG 拓扑图 $G^{(l)} = \{V^{(l)}, E^{(l)}\}$,其中 $l = 1, 2, 3$。可见端节点会在下一级 GVG 中消除。图中的边表示节点之间的近邻关系

对于任意第 l 级 GVG，广义 GAE 会在任意第 i 个节点 $o_i^{(l)}$ 估计它输出各个场景类别的概率，为了最大化估计结果的可信度，本章构造多个置信树，对不同层级的预测结果进行汇总。置信树的构造是以第 L 层中所有节点为根节点，以表 2.6 中算法 2 参与每个根节点信息融合的节点为其子节点，自上而下地构造而成。因此，每棵置信树的深度为 L，树的第 l 层中的节点对应第 l 级 GVG 中的节点，而所有置信树的个数等于 $G^{(L)}$ 中节点的剩余个数，这是因为置信树是以每个 $o_i^{(L)}$ 为根节点构造而成的。图 2.15(b) 中给了图 2.15(a) 所示的多层 GVG 的置信树构造结果。值得一提的是，置信树的构造与表 2.6 中算法 2 信息融合方法存在一个微小的差异：在构造决策树时，一个父节点 $v_i^{(l+1)}$ 的子节点为 $o_i^{(l)}$ 和所有 $o_j^{(l)} \in M(o_i^{(l)})$，然而在信息融合时，$o_i^{(l+1)}$ 融合了来自 $o_i^{(l)}$ 和 $o_j^{(l)} \in N(o_i^{(l)})$ 的信息。这是因为对于 $o_j^{(l)} \in N(o_i^{(l)})$ 但 $o_j^{(l)} \notin M(o_i^{(l)})$ 的节点来说，它们不属于端节点，因此同样在更高的一层中作为 $o_j^{(l+1)}$ 被保留下来，并且有其相应的类别估计结果 $\hat{y}_j^{(l+1)}$。出于这个原因，本章在融合决策结果时不考虑 $o_i^{(l+1)}$ 对非端节点 $o_j^{(l+1)}$ 的影响。置信树每个节点上的置信度 $c_i^{(l)}$ 受两部分信息的影响，一是从 GAE 得到的预测类别 $\hat{y}_i^{(l)}$ 对应的概率，概率越高，置信度越高；二是点云 $r_i^{(l)}$ 中的有效观测占插值后点云 $\hat{r}_i^{(l)}$ 的比例，如果 $r_i^{(l)}$ 中的有效观测越多，它相应的置信度就更高。

对于每棵置信树，表 2.7 中算法 3 按照从叶子节点到根节点的顺序比较每层节点的置信度并进行决策，也就是说从 $l = 1$ 到 $l = L$ 进行决策。对于任意相邻两层 $l-1$ 与 l，第 l 层中的父节点 $o_i^{(l)}$ 的置信度与它在第 $l-1$ 层的所有子节点 $o_j^{(l-1)}$ 的平均置信度进行比较，如果 $o_i^{(l)}$ 的置信度更高，则它所有的子节点的类别将被修改为 $o_i^{(l)}$ 的类别 $\hat{y}_i^{(l)}$，否则子节点上保留原有的决策，也就是说，父节点具有更高的置信度时采用更高层 GAE 的输出，否则采用低层 GAE 的输出。这个决策算法综合考虑了不同视野下的预测结果，从而在一定程度上弥补了直接采用单个视野作为输入的缺陷。值得一提的是，表 2.7 中算法 3 可以给出每一层的优化决策结果，但是本章在评估场景分类性能时，只考虑所有叶子节点上的优化结果，即 $G^{(1)}$ 所对应的优化结果，这是因为 $G^{(1)}$ 具有最丰富的节点，对算法性能的评估更为全面。为了进一步解释该决策算法，图 2.15(c) 中给出了图 2.15(b) 中两棵置信树的一个决策示例。

2.5 广义图正则化与场景分类

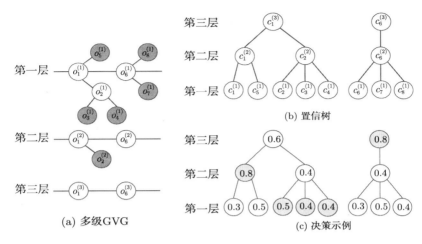

图 2.15 多级 GVG 以及其对应置信树构造示例

图 (a) 中给出了三级 GVG 的示例,其中深灰色表示端节点,可见端节点在其后一级中被消除,这是由于在新的一级中信息从端节点汇总到非端节点。图 (b) 中给出了根据图 (a) 而构造的置信树。图 (c) 在置信树的各个节点指定了置信度,然后给出了根据置信度进行决策的示意,其中浅灰色节点表示根据最大置信度而最终选取的结果

表 2.7 基于置信树的决策算法

算法 3:基于置信树的决策算法
输入: 置信树,其节点 $o_i^{(l)}$ 分别表示了各层估计类别 $\hat{y}_i^{(l)}$ 以及对应置信度 $c_i^{(l)}$
输出: 所有叶子节点上的优化估计类别 $\hat{y}_{i*}^{(1)}$
1 初始化 $c_{i*}^{(1)} = c_i^{(1)}$, $\hat{y}_{i*}^{(1)} = \hat{y}_i^{(1)}$;
2 **for** $l = 2 \cdots L$ **do**
3   **for** $o_i^{(l)} \in O^{(l)}$ **do**
4   计算 $o_i^{(l)}$ 的所有子节点 $o_j^{(l-1)}$ 的平均置信度为 $\frac{1}{n_i} \sum_j c_{j*}^{(l-1)}$;
5   **if** $\frac{1}{n_i} \sum_j c_{j*}^{(l-1)} > c_i^{(l)}$ **then**
6   令 $c_{i*}^{(l)} = \frac{1}{n_i} \sum_j c_{j*}^{(l-1)}$;
7   **else**
8   令 $c_{i*}^{(l)} = c_i^{(l)}$;
9      $o_i^{(l)}$ 的所有子节点都标记为类别 $\hat{y}_{i*}^{(l)}$.
10   **end**
11 **end**
12 **end**

2.6 场景分类实验结果

为了验证广义 GAE 用于场景分类的有效性，本节在全球范围内采集的六组室内数据上展开实验，一组来自澳大利亚的悉尼科技大学 (University of Technology, Sydney)，一组来自德国人工智能研究中心 (German Research Centre for Artificial Intelligence)，三组来自德国弗莱堡大学 (University of Freiburg) 以及最后一组来自美国西雅图的因特尔实验室 (Intel Laboratory)，分别简称为 UTS，SarrB，FrUA，FrUB，Fr79，Intellab。为获得 GVG 节点上的 2D 激光观测，首先从每组数据生成栅格占用地图，然后将仿真机器人放置于 GVG 对应的节点上，并通过机器人搭载的仿真 2D 激光雷达采集数据，该激光雷达的最大范围为 30 m，平面视野为 180°。由于 2D 激光数据本身的局限，从 2D 激光数据中分辨所有人为定义的场景类别具有极大挑战性，所以本节将所有场景类别汇总为三类：第一，办公室、文印室、厨房、浴室、楼梯间、电梯等用于少量人员使用的场所；第二，会议室和图书馆等用于团体活动的场所；第三，走廊。本章采用交叉验证实验，每次取一组数据作为训练样本，其余五组作为测试样本，考虑到六组数据中只有 Fr79 和 Intellab 包含了所有 3 种类别，因此本章仅分别以 Fr79 和 Intellab 为训练集展开交叉验证实验。

给定输入 $\boldsymbol{X} \in \mathbb{R}^{m \times n}$，本节所采用的广义 GAE 各层的维度分别是 m-100-24-3，即隐层的节点个数分别为 100 和 24，也就是说广义 GAE 学习的隐层特征维度是 24，其目的是与对比的手工特征方法所提取的特征维度保持一致。最后维度为 3 的输出表示样本属于各个类别的概率。根据 2.5.2 节所介绍的，当 $l > 1$ 时本章对点云融合后无观测的部分进行插值，因此，当 $l = 1$ 时，有 $m = 180$；当 $l = 2, 3$ 时，有 $m = 360$。

为了验证图正则项的有效性，本节分别对比了不考虑图正则项的原始 AE 与 GAE 在多级 GVG 上的分类结果。表 2.8 和表 2.9 分别显示了以 Intellab 和 Fr79 作为训练集，其余五组数据作为测试集的结果。由于广义 GAE 分别应用于不同层级的 GVG，因此表中对比了在不同层上的分类准确率。从表中可得如下两个结论：第一，图正则项的引入提升了每一层级 GVG 上的平均分类性能，证明了采用广义 GAE 嵌入空间近邻信息的有效性；第二，随着层级的增加，GVG 节点视野增大，每个节点具有更丰富的信息，因此 GAE 可获得更优的分类结果。

2.6 场景分类实验结果

表 2.8 以 Intellab 为训练集的测试分类结果

测试集	无图正则项			图正则项		
	L1/%	L2/%	L3/%	L1/%	L2/%	L3/%
UTS	85.20	89.49	91.24	83.54	87.3	92.29
SarrB	86.55	87.64	91.32	89.59	96.31	90.89
FrUA	86.23	92.96	91.69	91.48	91.77	96.68
FrUB	90.29	98.87	99.84	89.97	99.19	99.84
Fr79	81.99	85.87	87.90	83.96	86.12	88.65
平均	86.05	90.97	92.40	87.71	92.14	93.67

表 2.9 以 Fr79 为训练集的测试分类结果

测试集	无图正则项			图正则项		
	L1/%	L2/%	L3/%	L1/%	L2/%	L3/%
UTS	81.70	85.99	89.93	80.47	89.23	90.02
SarrB	84.16	95.44	90.46	87.20	96.75	95.23
FrUA	90.43	94.70	96.91	91.06	96.12	97.47
FrUB	88.67	98.87	99.51	89.48	98.87	99.51
Intellab	72.55	79.81	82.73	73.00	79.89	82.51
平均	83.50	90.96	91.91	84.24	92.17	92.95

随后，通过对 GAE 的多层级分类结果进行融合，可得表 2.10 和表 2.11 中第一列所示结果，该结果说明多层级信息的融合结果优于任何一个单层级的分类结果，验证了本章通过多视野融合来克服单视野观测不确定性的假设。此外，表中还对比了一系列现有的场景分类算法。

- **SVM** 作为参考基线，本章使用 SVM 对 Shi 和 Kodagoda[143] 提出的 24 维手工特征进行分类，其中包含 21 维统计与几何信息以及 3 维时域信息。

- **SPCoGVG** Shi 和 Kodagoda[143] 提出结合 SVM 与条件随机场 (conditional random field) 对相同的 24 维特征进行分类，将样本在空间中的近邻关系表达在条件随机场中，实现了优于 SVM 的分类性能。

- **LVQ Mar.** Kaleci 等[144] 提出使用学习矢量量化算法 (learning vector quantization, LVQ) 进行分类并通过马尔可夫模型结合时域上的前序信息进行推理。与本章类似的是 LVQ 也采用原始的 2D 激光点云输入，LVQ 可以看成是具有一个隐层的浅层神经网络，在本实验中其隐层维度同样设置为 24。本章生成了一个遍历所有 GVG 节点的运动轨迹来仿真机器人的运动序列,并用于马尔可夫模型的优化。另外,此方法仅适用于视野为 360° 的 2D 激光点云。

- **DBMM** 动态贝叶斯混合模型 (dynamic Bayesian mixture models)[145] 结合两个 SVM 模型进行分类,并且通过动态贝叶斯过程结合时域上的前序信息进行决策,因此该方法同样要求给定机器人的运动序列。DBMM 也采用手工设计的特征且其维度为 50,为了与本章提出的多视野算法进行更全面的比较,本章分别比较了 2D 激光点云视野为 180° 以及 360° 时 DBMM 的算法性能。

表 2.10 以 Intellab 为训练集、考虑多层结果融合的测试分类结果以及与其他算法的对比

测试集	本章方法	SVM	SPCoGVG	LVQ Mar.	DBMM 180°	DBMM 360°
UTS	**91.24**	87.74	90.72	82.75	88.88	88.70
SarrB	**96.53**	85.68	88.72	75.49	79.83	86.77
FrUA	95.02	96.04	96.52	89.95	94.38	**95.89**
FrUB	**99.84**	97.25	98.71	83.33	95.96	97.41
Fr79	89.76	88.34	92.04	77.85	**89.88**	93.28
平均	**94.48**	91.01	93.39	81.87	89.79	92.41

表 2.11 以 Fr79 为训练集、考虑多层结果融合的测试分类结果以及与其他算法的对比

测试集	本章方法	SVM	SPCoGVG	LVQ Mar.	DBMM 180°	DBMM 360°
UTS	**90.54**	83.54	89.84	88.97	87.22	85.46
SarrB	**98.27**	82.43	93.71	92.84	91.97	86.99
FrUA	97.23	92.72	**97.71**	96.12	95.97	96.84
FrUB	**99.51**	80.74	99.19	97.89	96.93	97.09
Intellab	82.40	79.89	86.89	57.19	83.22	**85.36**
平均	**93.59**	83.86	93.47	86.60	91.06	90.35

由表 2.10 和表 2.11 可见,本章提出的广义 GAE 融合算法领先于所有的手工特征提取方法 SVM、SPCoGVG 以及 DBMM,而自动特征学习方法 LVQ Mar. 受到浅层表示的局限并没有达到基线 SVM 的平均性能。关于 DBMM,可见表 2.10 中视野为 360° 的表现优于 180°,而在表 2.11 中反之,这也印证了考虑单一视野的局限以及本章考虑多视野的合理性。最后,基于 GVG 的广义 GAE 算法相比于 LVQ Mar. 和 DBMM 的优势也说明了图正则项考虑的采样空间近邻关系比时域关联性更具有优势。图 2.16 给出了与表 2.10 对应的可视化结果。

2.7 本章小结

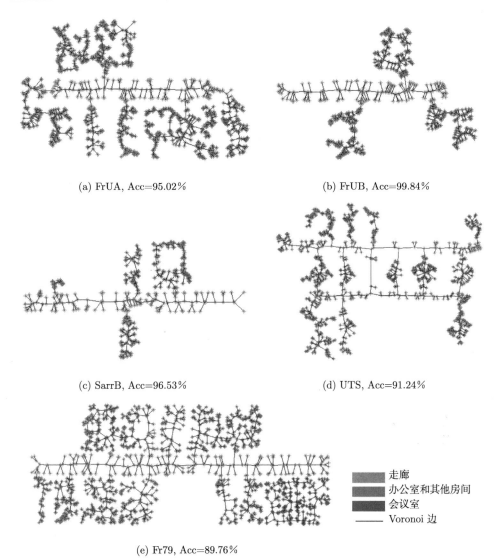

(a) FrUA, Acc=95.02%   (b) FrUB, Acc=99.84%

(c) SarrB, Acc=96.53%   (d) UTS, Acc=91.24%

(e) Fr79, Acc=89.76%

图 2.16 测试集上的场景分类结果可视化

图中结果对应表 2.10 中本章所提方法的相应列，即在 Intellab 上训练，其他所有地图上测试的结果

2.7 本章小结

本章首先提出了可以保持输入样本欧氏局部特性的图正则自编码器，并通过充分的理论分析说明了图正则项的引入实际上是对于隐层映射函数的雅可比矩阵的一个加权约束，并揭示了这一约束对于隐层表示的具体影响，而且从这些影响出

发阐述了图正则自编码器与其他几种自编码器的联系。之后，本章通过在图像上的聚类与分类实验定量验证了图正则自编码器在同类方法中优秀的特征表示学习性能，并通过对学习的隐层特征以及参数进行可视化，定性地解释了图正则项的有效性，进一步为前文的理论分析提供了佐证。图像分类的实验也反映了全连接结构的自编码器性能普遍稍逊于卷积神经网络，尤其是在维度更高的输入数据上，卷积神经网络的优势更为明显，因此，在接下来几章的内容中本书围绕以卷积神经网络为基础模型的正则化方法展开讨论。

在通过图像分类与聚类实验验证图正则化有效性之后，本章将广义的图正则项自编码器应用于基于 2D 激光点云的场景分类问题，在这个问题上的成功应用说明图正则项的设计具有灵活性高、可适应性强的特点，从而可以嵌入不同问题上的特有的先验知识，例如，场景分类问题中激光采样位置的近邻关系。此外，为了克服单视野下激光点云对场景分类造成的不确定性影响，本章还提出了多视野多层级的输入构造和决策融合算法。实验结果验证了使用广义图正则自编码器从原始 2D 激光点云端到端地学习特征表示的有效性，也说明了多层级输入构造和决策算法可以进一步提升分类性能。此外，广义图正则项还可以扩展到其他在特定空间中具有先验近邻关系的感知任务，例如，在基于图像的环境感知中、在已知各图像对应相机姿态的前提下，同样可以使用广义图正则项来约束相邻图像之间特征表示的一致性。

第 3 章　结构正则约束：语义正则网络

3.1　引　言

第 2 章以流形假设为启发提出了图正则自编码器，并且将广义图正则自编码器应用于基于 2D 激光点云的场景分类问题，然而，2D 激光点云对于场景的区分能力有限，因此本章探讨以图像为输入的深度学习模型并试图从图像中理解场景信息。相比于 2D 激光点云，图像输入的高维特性与高变化特性给深度学习模型的泛化能力带来了新的挑战。因此，本章同样引入先验知识，通过正则化方法提升深度学习在图像场景理解上的泛化能力。

在图像处理上，卷积神经网络在一系列物体层面理解的任务上取得了世界领先的性能[36, 146, 147]，然而，相比之下它在场景层面理解的表现并没有那么出色，直到 Zhou 等[9] 提出 Place-CNN。Zhou 等指出，相比于物体层面的图像，场景层面的图像具有更大的差异性，因此也给场景层面的特征表示的泛化能力带来了更大的挑战。模型泛化能力差则意味着网络可以完美地拟合训练样本，但无法正确理解新给定的测试样本。为克服场景差异性给特征提取带来的挑战，Place-CNN 采集了 250 万张场景图像并对其进行标注，将其作为训练样本。正如 1.3.2 节中提到的，增加训练样本也是一种提高模型泛化能力的正则化方式，然而，获取与标注如此大量的样本是十分昂贵的，在机器人环境感知中采集如此大量数据来提升泛化能力的做法并不十分可取，在救援、恶劣天气等特定场景中采集大量无标注数据本身也是一种挑战。

在机器人应用中往往涉及多类语义感知任务，而这些感知任务之间是有相关性的。例如，对于场景感知任务以及物体感知任务，从根本上来说场景类别是定义在物体类别之上的，因此人类往往会根据场景中的物体信息来判断场景类别。举例来说，当人们进入一个房间时，会根据其中放置的家具判断其类别，如在场景中包含 "床" 和 "床头灯" 时将其场景类别判断为 "卧室"。在这个先验知识下，一个直观的假设是根据物体层面的知识来理解场景类别，这样可以抑制场景差异性带来的影响，提升模型的泛化能力。在卧室的例子中，即使是同一组"床"和"床头灯"，它们的摆放位置和遮挡关系也会给场景图像带来非常多的变化，而在模型理解了场景中包含这两类物体的条件下，判断场景为"卧室"的难度将大幅度减小。受机器人多个感知任务之间相关性的启发，本章设计了一个多任务网络结构，要求网络在估计场景类别的同时也能理解场景中的物体。得益于深度神经网络端到端的特征提取与分类方式，基于深度神经网络的多任务学习也是十分自然的，多个任务可以由多个分支实现，而这种多分支结构可以理解为对网络结构 $f^*(\cdot)$ 进行正则。具体来说，本章设计了一个单输入双输出的多分支网络，其中主分支用于场景分类，次分支用于物体的语义分割 (semantic segmentation)，而这两个分支有一部分底层参数是共享的。由于本章的关注重点仍然是场景分类，该结构也可以理解为用语义分割分支对场景分类问题进行正则，因此称之为语义正则网络。实验表明这一网络结构在仅有五千张训练样本的情况下超越了 Place-CNN 的场景分类性能，说明这类正则方式适用于难以采集大量样本的机器人环境感知任务。此外，本章还探索了主分支与次分支之间不同的连接方式，为采用多分支对网络结构进行正则化的一大类方法提供了一些启发。

鉴于场景和物体的相关性，许多方法提出场景感知任务和物体感知任务之间可以互相促进[148−152]，其中主流做法是建立物体与场景之间的图模型，然后推理出物体与场景各自的边缘概率。尽管这些方法证实了场景理解与物体理解之间的相互促进关系，但它们采用的都是手工设计的特征，也就是说特征提取与类别决策是两个独立的步骤，相比之下深度学习可以进行端到端的特征提取与决策。此外，这些方法都注重于同时标注场景与类别，而本章采用物体层面的知识对场景理解问题进行正则的方法更加接近物体库 (object bank, OB)[153]。OB 采用大量物体检测算子的集合作为图像的特征表示，并在此基础上进行场景分类，然而 OB 的运算时间较长且其特征提取与分类依然是各自优化的，另外 OB 还要求提前训练大量的物体检测模型，本章借助深度学习将场景分类与物体感知放在统一的框架下进行优化，避免了提前训练物体感知模型。

在本章方法提出之前，深度学习中采用多任务学习进行正则的方法较为少见。Ouyang 等[154] 提出了一个用图像分类结果优化目标检测的算法，具体来说，他们采用两个独立的网络分别进行预测图像的类别与物体的类别，再结合预测的图像与物体的概率为输入重新进行分类，因此在训练时这两个任务依然是独立的。在本章方法提出之后,也有许多工作验证了采用多任务学习作为结构正则的有效性[59−61]。

3.2 语义正则卷积神经网络

本节首先对卷积神经网络的基础知识进行简单说明,然后介绍本章提出的语义正则卷积神经网络。

3.2.1 卷积神经网络

鉴于卷积神经网络 (convolutional neural networks,CNN) 在图像处理领域的显著优势,本章采用卷积神经网络为基础模型,并在本节中首先对其进行简单介绍。由其名字可见,CNN 采用了 "卷积" 运算代替了多层感知器中通用的矩阵相乘运算,它可以定义为任意包含了卷积操作的人工神经网络。此外,CNN 中的另一个重要操作是 "池化"。本节将具体介绍这些操作并说明 CNN 的优势。

卷积操作可以定义在任意维度的栅格化数据上,由于本章关注的是图像卷积操作,因此这里以二维卷积为例进行说明。给定一张二维输入图像 I 以及一个二维的矩阵 $\boldsymbol{K}$,则使用 $\boldsymbol{K}$ 对于 I 进行卷积的结果如下:

$$S(i,j) = (I * \boldsymbol{K})(i,j) = \sum_m \sum_n I(m,n)\boldsymbol{K}(i-m, j-n) \tag{3.1}$$

其中 $\boldsymbol{K}$ 称为卷积核,S 为卷积的结果。由上式可见,卷积操作可以理解为将矩阵 $\boldsymbol{K}$ 在两个维度上均进行翻转,然后将其在图像上连续滑动,并在各个位置计算与当前位置对应的图像区域的内积。如果不考虑 $\boldsymbol{K}$ 的翻转,这个操作在数学上定义为互相关 (cross-correlation),深度学习中一般并不关注 $\boldsymbol{K}$ 是否翻转,因此在算法实现上通常采用的是如下所示的互相关操作,并称之为卷积操作:

$$S(i,j) = (I * \boldsymbol{K})(i,j) = \sum_m \sum_n I(i+m, j+n)\boldsymbol{K}(m,n) \tag{3.2}$$

本章同样采用这一约定,称式 (3.2) 为卷积操作。图 3.1(a) 给出了一个二维卷积操作的示例。

相比于多层感知器等全连接神经网络中常用的一般矩阵乘法,卷积操作主要有三点优势。

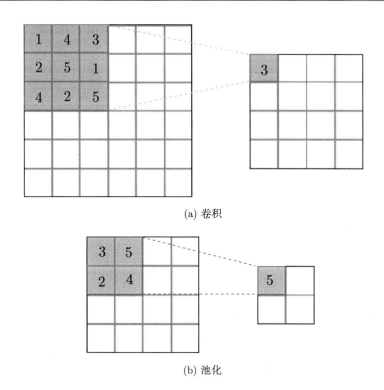

(a) 卷积

(b) 池化

图 3.1　二维卷积与池化示意图

卷积操作示意中采用的是大小为 3×3 的均匀卷积核，即核上所有参数取值均为 $1/9$；池化操作中采用的是最大池化操作，其池化核大小为 2×2

- **稀疏连接**　当卷积核 $\boldsymbol{K}$ 的尺寸与输入图像 I 相比小很多时，$\boldsymbol{K}$ 与 I 之间的连接是稀疏的，这种稀疏连接大幅度降低了所需参数的数量。假设相邻的两个层节点数目分别为 m 和 n，那么多层感知器中的稠密连接方式需要 $m \times n$ 个参数，而卷积操作限制了第二层中的任意一个节点只能与第一层中 k 个节点相连，因此只需 $k \times n$ 个参数，并且往往在 $k \ll m$ 时即可获得理想的性能。

- **参数共享**　在卷积操作中，同一个卷积核的参数在图像不同位置上被重复利用，这也是一种正则化思路。参数共享的意思是在输入图像的任意位置上都采用相同的 $\boldsymbol{K}$ 进行内积，因此可以进一步将所需的参数个数从 $k \times n$ 缩减到 k，由此可见卷积操作在时间与空间上极大地降低了运算成本。

- **等变表示**　卷积操作对于一些特定的图像变换来说具有等变性 (equivariance)，即对于某些变换函数 $g(\cdot)$ 有 $g(I) * \boldsymbol{K} = g(I * \boldsymbol{K})$，例如，图像的平

3.2 语义正则卷积神经网络

移变换就满足这一条件。对于一些特定的任务,如边缘检测来说这一特性是十分有效的。

池化也是 CNN 中十分重要的一个操作,常见的池化操作包括最大值池化 (max pooling) 以及平均值池化 (mean pooling),具体来说,池化操作是将近邻区域内的信息汇总到一起。例如,给定大小为 $m \times n$ 的二维特征表示,池化操作可将其无重叠地划分成多个 2×2 的小区域并取每个区域内的最大值,就得到了 $\frac{m}{2} \times \frac{n}{2}$ 的新特征表示。池化操作本身也可以看成是一种卷积,此时池化的核大小为 2×2。池化操作主要有以下三点优势:首先,池化操作提高了网络对于输入层少量位移的鲁棒性;其次,池化操作的加入提升了其后所连节点的感受野 (receptive field),即后层节点对应到输入图像的范围扩大;最后,池化操作降低了特征表示的维度,便于网络将高维度的输入表示为较低维度的特征。图 3.1(b) 示意了一个最大值池化操作。

通常来说,CNN 的网络连接由卷积操作、非线性变换以及池化操作交替组成。卷积操作后紧随着非线性变换,随后再是池化操作。当然,池化操作并不是每次卷积和非线性之后必须的,有些网络结构也会在进行多次卷积和非线性变换以后进行池化操作。

3.2.2 语义正则下的场景分类网络

本节具体介绍本章提出的语义正则下的卷积神经网络,其框架如图 3.2 所示。具体来说,本章提出一个单输入多输出的多分支网络结构,其中主分支用于**场景识别**,即估计整张图像的场景类别,次分支用于**语义分割**,即估计每个像素所属的物体类别。由于引入的次分支结构可以理解为通过语义分割任务对场景识别任务进行正则,次分支又可以理解为正则分支,所以该网络命名为 SS-CNN (semantic regularized scene classification, convolutional neural networks)。SS-CNN 的代价函数定义如下:

$$\mathcal{L}_{\text{ss}} = \mathcal{L}_{\text{scene}} + \alpha \mathcal{L}_{\text{object}} \tag{3.3}$$

其中第一项为场景分类的代价函数,第二项为语义分割的代价函数,α 为权重系数。针对本章主要关注的场景分类问题,语义分割代价函数是由正则分支的引入而产生的,因此 SS-CNN 属于针对网络结构进行正则的正则化深度学习模型。当然,从另一个角度来看,SS-CNN 也可以理解为基于正则项的正则化模型,因为 $\mathcal{L}_{\text{object}}$

可以理解为式 (1.2) 中的正则项 $R(\cdot)$。由于 $\mathcal{L}_{\text{object}}$ 产生的根本原因是正则分支的引入，本章仍然从结构正则的角度进行讨论。

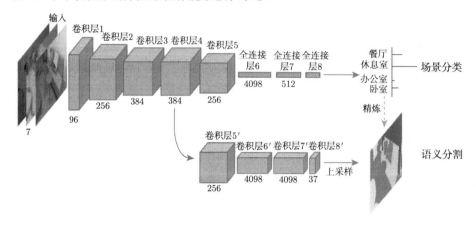

图 3.2　语义正则网络框架图

图中给出了本章提出的 SS-CNN 的其中一个样例形态，它包括一个用于估计场景类别的主分支以及一个用于估计语义分割的正则分支。因此主分支的输出是一个 1 维向量，表示一张图片对应各个场景类别的概率，语义分割分支的输出是 3 维的，表示每个像素上对应各个物体类别的概率。图中虚线表示在验证数据集上基于场景分类结果进一步对语义分割结果进行优化

为了具体介绍 $\mathcal{L}_{\text{scene}}$ 和 $\mathcal{L}_{\text{object}}$，首先定义本章中所用到的符号标注。假定场景的总数为 M_s，物体的总数为 M_o，可令 $\{\boldsymbol{X}, \boldsymbol{y}_s, \boldsymbol{Y}_o\}$ 表示一组标注样本，其中 $\boldsymbol{X} \in \mathbb{R}^{H \times W \times C}$ 为一张高度为 H，宽度为 W 以及通道数目为 C 的输入图像，$\boldsymbol{y}_s \in \mathbb{Z}^{1 \times M_s}$ 为该图像的场景类别，$\boldsymbol{X}$ 属于第 k 类场景时 $y_s^k = 1$，否则 $y_s^k = 0$。$\boldsymbol{Y}_o \in \mathbb{Z}^{H \times W \times M_o}$ 表示每个像素点的物体类别，因此它与输入图像具有相同的高度与宽度，类似地，$y_o^{ijk} = 1$ 表示像素点 (i, j) 属于第 k 类物体。

给定上述标注，场景分类部分的代价函数可以表示为

$$\mathcal{L}_{\text{scene}} = -\sum_{k=1}^{M_s} y_s^k \log(p_s^k) \tag{3.4}$$

其中 p_s^k 是网络估计样本 $\boldsymbol{X}$ 取场景类别 k 的概率，经 Softmax 计算得到

$$p_s^k = \frac{e^{\boldsymbol{h}^\mathrm{T} \boldsymbol{\theta}_k}}{\sum_{i=1}^{M_s} e^{\boldsymbol{h}^\mathrm{T} \boldsymbol{\theta}_i}} \tag{3.5}$$

式中 $\boldsymbol{h}$ 表示从输入 $\boldsymbol{X}$ 提取的特征向量，而 $\boldsymbol{\theta}_i, i = 1, \cdots, M_s$ 表示 Softmax 的参

3.2 语义正则卷积神经网络

数。类似地，语义正则分支的代价函数可以表示为

$$\mathcal{L}_{\text{object}} = -\sum_{i}\sum_{j}\sum_{k=1}^{M_o} y_o^{ijk} \log(p_o^{ijk}) \tag{3.6}$$

以式 (3.3) 为指导思路，本章采用具有两个分支的 CNN 结构，其主分支估计场景类别 y_s，正则分支估计语义分割 Y_o，两个分支共享低层权值。正则分支对于主分支的影响主要在于这部分共享的权值，它约束这部分网络同时提取对于场景类别理解和语义分割理解均有意义的特征。本章场景分类分支的设计参考 Alexnet[36]，网络中包含 5 个卷积层，其中第 5 个卷积层输出的特征被展开为一个 1 维向量，并在之后加上 3 层全连接层，最后输出节点个数为 M_s 的场景类别概率。语义分割分支的设计则参考 Long 等[55] 提出的用于稠密分类的全卷积网络 (fully convolutional network, FCN)，相比于判断整体输入类别的问题 (如估计全图类别的场景分类问题)，FCN 适用于需要针对局部输入分别给出类别估计的问题 (如估计每个像素类别的语义分割问题)。由其名字可见，FCN 中不包含全连接层，而是全部由卷积层构成，因此 FCN 最后的特征输出也保留了输入中的局部结构，所以适用于针对局部的分类问题。

语义分割的正则分支可以从场景识别网络的任意一个卷积层后引出，因此，本章进一步定义具有不同正则分支结构的网络为 SS-CNN-Rn，具体而言，给定一个具有 N_l 层卷积层的场景分类网络，本章用 SS-CNN-Rn 表示主分支和正则分支共享前 n 层的网络结构，n 取值范围是 1 到 N_l。显然，n 的取值会影响 SS-CNN 的性能。如果 n 很小，则正则分支只约束了主分支中最浅的几层。在极端情况 $n = 0$ 时，场景分类与语义分割不包含任何共享权值，成为了两个互相独立的网络，不再属于结构化正则网络。当 n 增大时，主分支中受到语义正则分支影响的部分随之扩大。值得一提的是，主分支中所使用的原始 Alexnet 包含 5 个卷积层和 3 个全连接层，当 $n > 5$ 后主分支中的全连接层将逐次转化成卷积层，以适应语义分割网络中全卷积结构的需求。图 3.3 中以 SS-CNN-R6 和 SS-CNN-R8 为例，给出了具体的网络结构。

本章同样采用随机梯度下降算法训练 SS-CNN。从网络结构可见，主分支中只有第 1 层至第 n 层受到了语义正则分支的约束，即参数根据关于 $\mathcal{L}_{\text{ss}}$ 的偏导进行调整，从第 $n+1$ 层开始，场景分类分支中的参数只与 $\mathcal{L}_{\text{scene}}$ 相关，而语义分割分支的参数只与 $\mathcal{L}_{\text{object}}$ 相关。

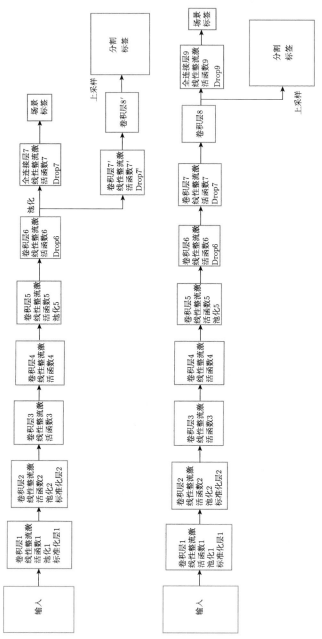

图 3.3 SS-CNN-Rn 网络结构详解

图中分别给出了 $n=6,8$ 时对应的 SS-CNN-Rn，而图 3.2 中的网络实际上对应着 $n=4$ 时的 SS-CNN-Rn。对于 SS-CNN-R4 来说，其主分支结构与 Alexnet 完全相同，包括 5 个卷积层和 3 个全连接层，而 SS-CNN-R6 具有 6 个卷积层和 3 个全连接层。SS-CNN-R8 的设计更加特别，它的主分支一共有 8 个卷积层，以及额外加入的 2 个全连接层

3.2.3 输入构造

输入信息也是决定算法性能的一个关键因素。得益于 RGB-D 传感器的普及 (如微软的 Kinect 以及华硕的 X-tion)，目前在室内场景上近距离深度信息的获取变得十分便利，深度信息的加入也证明可以提高各类场景感知任务的性能[155,156]，因此本章综合考虑彩色图像信息以及深度信息作为输入。

对于彩色图像，一个公认的表示方式是三通道、数值范围为 $[0,255]$ 的八位图，这种表达方式也往往直接作为深度学习网络的输入。相比之下，深度信息的表达方式则没有那么一致。Gupta 等[156] 提出将深度信息表示为 3 个通道的 HHA 特征，每个通道分别为水平视差、距地面高度以及角度信息，然而这一表达方式需要估计场景中的地面以及重力方向。本章直接将深度值线性缩放到 $[0,255]$，使得其具有与彩色图像相等的数值范围，除此之外，本章进一步从深度值估计法向量并作为网络输入，具体来说，首先采用双边滤波器对深度值图像进行平滑处理，然后根据深度相机的内参将深度值图像转换成点云，最后可根据每个三维点的近邻点集估计其法向量。法向量数值范围同样归一化在 $[0,255]$ 之间，与彩色图像和深度图一致。图 3.4 给出了输入信息的示例，分别给出了同一个场景下对应的彩色图像、深度值以及法向量。

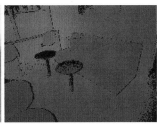

(a) 彩色图像　　　　　　(b) 深度值　　　　　　(c) 法向量

图 3.4　网络输入示例

如图 3.2 所示，在训练与测试时，这些输入信息按通道并联在一起，构成具有 7 个通道的网络输入 (彩色图像 3 个通道、深度值 1 个通道、法向量 3 个通道)。

3.3　基于场景类别的语义分割优化

从日常经验出发，场景的类别也可以提供物体存在与否的先验知识。因此，在通过语义正则提高场景分类性能的基础上，本章可以进一步用场景类别优化语义分割结果。举例来说，如果机器人判断当前场景为"卧室"，那么它在当前场景中看到"床"比看到"浴帘"的可能性更大。因此本节介绍利用 SS-CNN 预测的场景类别概率优化其语义分割结果的算法。

由式 (3.5) 可见，SS-CNN 通过 Softmax 估计了图片属于每一类场景的概率。令 $\boldsymbol{p_s} \in \mathbb{R}^{1 \times M_s} = [p_s^1, \cdots, p_s^{M_s}]$ 表示一张图片属于各个场景类别的概率，并令 $\boldsymbol{p_o} \in \mathbb{R}^{H \times W \times M_o}$ 表示各个像素点属于各个物体类别的概率，则语义分割优化的过程如下：

$$\boldsymbol{p}_{\mathrm{so}} = \boldsymbol{p_s} \times \boldsymbol{W}_{\mathrm{so}} \tag{3.7}$$

$$\widetilde{\boldsymbol{p}_o} = \boldsymbol{p}_{\mathrm{so}} \otimes \boldsymbol{p_o} \tag{3.8}$$

其中 $\boldsymbol{W}_{\mathrm{so}} \in \mathbb{R}^{M_s \times M_o}$ 表示从训练数据中获得的类别相关性矩阵，$\boldsymbol{p}_{\mathrm{so}} \in \mathbb{R}^{1 \times M_o}$ 表示由 SS-CNN 估计的场景概率 $\boldsymbol{p_s}$ 提供的物体概率先验知识。由其维度可见 $\boldsymbol{p}_{\mathrm{so}}$ 只是描述了整张图像中出现各个类别物体的可能性，为了将这一先验信息传播到图片的每个像素，本章将 $\boldsymbol{p}_{\mathrm{so}}$ 中的第 i 个元素与 $\boldsymbol{p_o}$ 中第 i 个 $H \times W$ 的矩阵相乘，得到优化后的物体类别概率 $\widetilde{\boldsymbol{p}_o}$，其中 $\otimes$ 表示采用了广播机制的矩阵对应位相乘运算。图 3.5 进一步解释了这一优化过程，从图中 $\boldsymbol{p_s}$ 到 $\boldsymbol{W}_{\mathrm{so}}$ 的示意可见，式 (3.7) 实际上是根据图像属于第 i 个场景类别的概率对应抽取 $\boldsymbol{W}_{\mathrm{so}}$ 中第 i 列并与之相乘，得到图像中包含各类物体的先验，从 $\boldsymbol{W}_{\mathrm{so}}$ 到 $\widetilde{\boldsymbol{p}_o}$ 的示意则表现了将这一先验传播到 $\boldsymbol{p_o}$ 的过程。

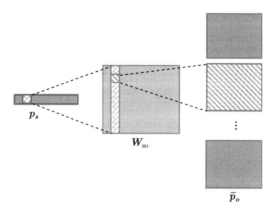

图 3.5 面向语义分割优化的概率传播示意图

关于类别相关性矩阵 $\boldsymbol{W}_{\mathrm{so}}$，它代表的是场景类别与物体类别共同出现的可能，最简单的方法是直接统计训练样本各个场景类别中出现各类物体的频率，然而，频率统计并不一定体现了各类场景中不同物体的重要性。举例来说，在本章考虑的物体类别中，"墙"和"地板"在所有场景中出现的频率都非常高，若直接根据出现频率这一先验构造 $\boldsymbol{W}_{\mathbf{so}}$，则会鼓励各个场景中出现更多的"墙"和"地板"，然而这些物体类别在机器人完成任务时并不具有十分显著的意义。因此，本章采用常用于资讯检索和文本挖掘的常用加权技巧，词频–逆向文件频率 (term frequency-inverse document frequency, tf-idf) 来构造 $\boldsymbol{W}_{\mathbf{so}}$，基于 tf-idf 所构造的类别相关性矩阵不仅考虑了物体在各场景中出现的频率，也衡量了物体在各场景中的重要性。

具体来说，首先统计物体出现频次矩阵 $\boldsymbol{f} \in \mathbb{R}^{M_s \times M_o}$，其中 f_{ij} 表示第 j 类物体出现在第 i 类场景中的次数，将其投影到对数空间，即可得到词频 (tf) 如下：

$$\mathrm{tf}_{ij} = \log(1 + f_{ij}) \tag{3.9}$$

逆向文件频率 (idf) 表征的是一个词提供的信息量，本章中 idf 构造如下：

$$\mathrm{idf}_j = \frac{M_s}{\sum_{i=1}^{M_s} \mathrm{tf}_{ij}} \tag{3.10}$$

值得一提的是，通用的 idf 构造方法中分母为包含了第 j 类物体的场景类别个数，而本章采用物体在各场景中出现频次的和作为分母。举例来说，在本章实验所用到的数据集中，"地面"和"包"都出现在了大多数场景中，若按照通用的 idf 构造方法以包含这两类物体的场景个数为分母，则说明这两类物体的信息量是很接近的。然而，实际上"包"出现的频次远低于"地面"，因此"包"依然是一个值得被关注的物体，式 (3.10) 中 idf 的构造方法就考虑了这一因素。

最后，依照 tf-idf 的构造方法，类别相关性矩阵 $\boldsymbol{W}_{\mathbf{so}}$ 中的任意元素 w_{ij} 可以计算如下：

$$w_{ij} = \log(1 + \mathrm{tf}_{ij} \times \mathrm{idf}_j) \tag{3.11}$$

其中 $i = 1, \cdots, M_s$，$j = 1, \cdots, M_o$。为避免在测试时直接将某类物体出现的可能置为 0，$\boldsymbol{W}_{\mathbf{so}}$ 中数值为 0 的位置均被替换为一个较小常数值 e^{-2}。

3.4 实验结果

本节首先在 SUN RGB-D 室内数据集[157]上验证 SS-CNN 的有效性，然后再将于 SUN RGB-D 上训练得到的 SS-CNN 直接应用于机器人在校园内采集的数据进行测试，进一步验证模型的泛化性。

3.4.1 实验配置

SUN RGB-D 数据集包含 10335 张 RGB-D 图像,并且给出了每张图像的场景类别以及语义分割类别。SUN RGB-D 上定义了一系列场景理解任务并且比较了多种方法的性能。为了和其他方法进行公平比较,本章依照 SUN RGB-D 所划分的训练数据与验证数据进行实验①。值得一提的是,SUN RGB-D 总共包含 45 个场景类别,但是其中只有 19 类场景对应了超过 80 张的图像,因此其场景分类任务只针对这 19 类场景展开,而语义分割任务则针对所有 45 类场景。为便于区分,本章分别将用于这两个任务的数据集命名为 S_{19} 和 S_{45},并在表 3.1 中给出了它们各自对应的训练图像与验证图像数目。为了提高运算效率,所有训练数据的输入图像缩放至大小 210×158,缩小后的数据集表示为 $\hat{S}_{19}$ 和 $\hat{S}_{45}$。在本章实验中,SS-CNN 的参数都以随机值进行初始化,并且只采用 SUN RGB-D 提供的训练数据进行训练。

表 3.1 SUN RGB-D 数据集特性总结

任务	数据集名称	训练样本数	验证样本数	全部数量
场景分类	S_{19}	4845	4659	9504
语义分割	S_{45}	5285	5050	10335

本章采用具有动量项的随机梯度下降算法训练 SS-CNN,训练时每个批中包含 20 个样本,学习率为 10^{-4},动量项权重为 0.9。参考深度神经网络训练时的常用技巧,本章还采用了权重为 5^{-4} 的参数衰减,并在网络中的全连接部分采用了 Dropout 来进一步防治过拟合。SS-CNN 的具体实现基于深度学习框架 Caffe[158]。

3.4.2 语义正则结构有效性验证

为了验证本章提出的语义正则分支的有效性,本节首先比较不考虑语义正则的原始 Alexnet 与考虑语义正则的 SS-CNN-Rn 在场景分类上的性能,如 3.2.2 节所介绍的,SS-CNN-Rn 可以看作是第 1 层至第 n 层受到语义正则分支约束的 Alexnet。为进行公平比较,SS-CNN-Rn 和原始的 Alexnet 采用的训练数据相同,均为 $\hat{S}_{19}$,且均以随机值初始化网络参数。由于此实验只是为了验证加入语义正则分支对分类性能的提升,因此实验中直接采用彩色图像作为输入以降低运算复杂度。

---

① http://rgbd.cs.princeton.edu。

3.4 实验结果

实验中 n 取值分别为 $\{2,4,6,8\}$，分别对应 SS-CNN-R2, R4, R6 以及 R8。图 3.6 对比了原始 Alexnet 以及 n 取值不同时 SS-CNN-Rn 在验证集上的准确率。可以看到，语义正则分支的引入大幅度提升了网络在验证集上的分类准确率，达到了增强网络泛化能力的目的。n 的数值变化对于 SS-CNN-Rn 的影响进一步反映了网络泛化能力被提升的过程。由图 3.6 可见，当 n 从 2 增长到 6 时，SS-CNN-Rn 在验证集上的性能逐步提升。这是由于当 n 较小时，语义正则分支只约束了网络主分支中较浅的几层，而根据深度学习由简单到复杂的特征提取方式，浅层的特征往往是边缘等局部信息。随着 n 的增长，受到正则分支约束的层数加深，网络所学习的特征开始变得抽象，此时在语义正则分支的约束下主分支甚至可以学习到物体层面的特征，在此基础上进行场景分类就实现了网络泛化性能的提升。当 $n=8$ 时网络的性能有所下降，这也是符合预期的，由于 $n=8$ 意味着场景分类的结果是直接建立在语义分割结果之上的，网络中单独用于最小化 $\mathcal{L}_\text{scene}$ 的参数大幅度减少，从而降低了网络关于场景分类问题的拟合能力。

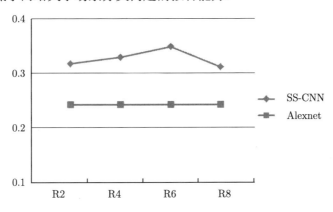

图 3.6 不同正则化结构下的场景分类结果对比

图中比较了 $n=2,4,6,8$ 时 SS-CNN-Rn 所给出的场景分类结果，并采用不包含正则结构的原始 Alexnet 作为参考

图 3.7 中给出了 Alexnet 与性能最优的 SS-CNN-R6 各自在验证集上的归一化混淆矩阵，矩阵的每一行表示实际的类别预测为各个类别的比例，因此每一行的值相加为 1。对于混淆矩阵，其对角线元素值越大则说明准确率越高。由图 3.7 可见，本章引入语义正则分支对网络进行结构正则的方法显著提升了深度学习网络在场景分类上的泛化能力。

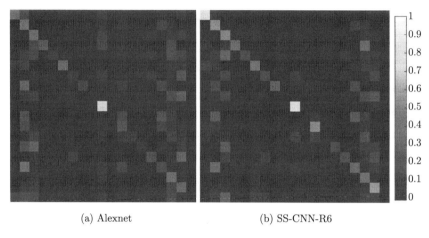

(a) Alexnet　　　　　　　(b) SS-CNN-R6

图 3.7　混淆矩阵对比

图中给出的是 Alexnet 和 SS-CNN-R6 在 SUN RGB-D 验证集上的归一化混淆矩阵，二者均以随机值进行初始化并且只采用 SUN RGB-D 训练集进行训练

3.4.3　场景分类结果

本节将 SS-CNN 与一系列现有场景分类方法在 S_{19} 上进行对比，如表 3.1 所示，S_{19} 共包含 4845 个训练样本与 4659 个验证样本。值得一提的是，SS-CNN 训练和验证所采用的数据集是输入图像被缩小尺寸的 $\hat{S}_{19}$，然而对于全图的场景分类而言，图像尺寸的缩放并不影响比较的公平性。除了已有的场景分类方法外，本节还对比了与 SS-CNN 相关的两个基础算法，本节比较的方法具体如下。

- **GIST**[159] + **SVM**　GIST 是一个主要用于描述场景图像的描述子，它主要提取了图像的梯度信息作为特征。GIST 特征提取后采用以径向基函数 (radial basis function) 作为核函数的支持向量机 (support vector machine, SVM) 对其进行分类。

- **Place-CNN**[9] + **SVM**　如 3.1 节中提到，Place-CNN 是通过大约 2500000 张标注场景样本训练得到的网络，它的模型结构也是 Alexnet，即与本章 SS-CNN 的主分支结构相同。经过如此庞大的数据集进行训练，Place-CNN 可以直接作为特征提取方法对新的场景提取特征，并且在一系列场景数据集上实现了领先的分类性能[9]。在 SUN RGB-D 上，Song 等提出以 Place-CNN 对图像进行特征提取，再分别训练线性 SVM 和径向基 SVM 作为分类器。

- **Object** + **SVM**　为了验证物体与场景类别的相关性，本节设计了直接依

3.4 实 验 结 果

照物体类别对场景分类的对比实验。假设每张图片里每类物体存在与否的信息是已知的，每张图片可以被表示为一个长度为 M_o 的二元向量，其中 1 表示图片中存在某类物体，M_o 为总物体类别的个数，该二元向量作为线性 SVM 的输入进行场景分类。

• **Alexnet** 由于 Place-CNN 以及 SS-CNN 的模型结构都参考了 Alexnet，因此本节同样测试了原始 Alexnet 的场景分类性能。与 Place-CNN 中采用 2500000 张训练样本不同的是，本章仅用 $\hat{S}_{19}$ 中包含的 4845 张图像对随机初始化的 Alexnet 进行训练。另外，Place-CNN 只用于图像的特征提取，而本章直接采用 Alexnet 对 $\hat{S}_{19}$ 进行端到端的特征提取与分类。

• **SS-CNN** 3.4.2 节的验证实验说明 SS-CNN-R6 是最合理的正则化结构，因此本节采用 SS-CNN-R6 与其他场景分类方法进行对比。与 Alexnet 相同的是，本节直接训练端到端的 SS-CNN-R6 进行特征提取与分类。

表 3.2 中显示了所有对比方法在验证集上的准确率，具体来说，给定如图 3.7 所示的归一化混淆矩阵 C，准确率计算如下：

$$\text{Acc} = \frac{1}{M_s} \sum_{i=1}^{M_s} C_{ii} \quad (3.12)$$

可见本章统计的是每个类别分类准确率的平均值，该评价指标均衡地评价了所有类别的分类准确率，避免了数量过多的类别对整体结果影响过大。除了直接以 Object 为特征的方法外，表 3.2 中给出了所有方法分别以 RGB 和 RGB-D 作为输入时的分类性能。对于以 RGB-D 作为输入的 GIST 和 Place-CNN 特征，Song 等[157] 采用了 Gupta 等[156] 提出的 HHA 特征来表示深度信息，即将深度表示为水平视差、距地面高度以及角度信息。如 3.2.3 节中提到的，HHA 需要估计地面以及重力方向，相比之下，本章提出的用深度值与法向量表示深度信息的方法计算复杂度更低，并且表 3.2 中结果也验证了该深度信息表示同样有助于提升场景分类性能。

从表 3.2 中可以注意到，即便只是以物体的二元存在性信息作为特征，其分类结果也显著优于手工设计的特征 GIST，并且达到了与 Place-CNN 和 SS-CNN 近似的水平。更甚的是，该二元特征维度为 M_o，远低于其他特征提取方法的特征维度。该实验验证了本章的假设，即物体层面的知识有助于提高场景分类性能。从另一个角度来说，即使明确给出了场景中物体存在与否的信息，其分类性能仍不如 Place-CNN 和 SS-CNN，也说明了通过深度学习从图像进行逐层特征学习的优势。

表 3.2　SUN RGB-D 数据集上各方法的场景分类性能比较

方法	输入	准确率/%
GIST+ 径向基 SVM[157]	RGB	19.7
	RGB-D	23.0
Place-CNN+ 线性 SVM[157]	RGB	35.6
	RGB-D	37.2
Place-CNN + 径向基 SVM[157]	RGB	38.1
	RGB-D	39.0
Object + 线性 SVM	—	33.1
Alexnet	RGB	24.3
	RGB-D	30.7
SS-CNN-R6	RGB	36.1
	RGB-D	**41.3**

此外，注意到 Place-CNN 借助巨量的训练数据获得了泛化性能的显著提升，即便 Place-CNN 并没有针对 SUN RGB-D 进行微调，而是直接将其特征作为 SVM 的输入进行训练和分类，它在验证数据上的性能也远优于采用端到端训练的 Alexnet。对于 SS-CNN-R6，其训练样本数量与 Alexnet 相等，然而在语义正则分支的约束下，SS-CNN 的泛化能力远优于 Alexnet，并且在采用 RGB-D 作为输入的情况下甚至实现了优于 Place-CNN 的性能。对比 Place-CNN 所用的 2500000 张训练样本与 SS-CNN 所用的 4845 张图像，这个结果再次凸显了本章提出的结构化正则方法的优势。

3.4.4　语义分割优化结果

3.4.3 节验证了语义分割作为正则分支可有效提升场景分类的泛化能力，而本节讨论 SS-CNN 估计的类别可以进一步优化语义正则分支所输出的语义分割结果。针对语义分割任务，本节采用表 3.1 中所示的 S_{45}，它包含了 37 类物体。语义分割的对比结果如表 3.3 所示，与式 (3.12) 给出的场景分类准确率一致，本节同样计算所有 37 类物体准确率的平均值作为评价指标。除了最后一列所给出的在 37 类物体上的平均准确率之外，表中还给出了其中 7 类物体各自的准确率。

表 3.3 中的上半部分首先比较了在尺度缩小后的 $\hat{S}_{45}$ 上的语义分割性能，来衡量深度信息以及优化算法对于语义分割的影响。对比表中输入为 RGB 以及 RGB-D 的语义分割结果可见，深度信息的引入显著提升了 SS-CNN-R6 的场景分割性

3.4 实验结果

能。此外，3.3 节中提出的基于场景类别的优化算法也明显提升了语义分割的准确率 (RGB-Dr)，其中"床"以及"床灯"的准确率提升尤为明显。为了更直观地说明优化算法带来的性能提升，图 3.8 中给出了输入图像、无优化分割结果以及优化后分割结果的对比示例。

表 3.3 SUN RGB-D 数据集上各方法的语义分割性能比较

数据	方法	输入	地板	椅	桌	床	床灯	书	人	平均
$\hat{S}_{45}$	SS-CNN-R6	RGB	87.67	60.34	45.55	47.84	20.55	22.07	1.39	27.77
		RGB-D	91.91	66.94	**60.19**	65.60	23.10	31.24	**10.36**	37.03
		RGB-Dr	79.85	65.11	53.16	**69.64**	**40.68**	26.34	8.98	**41.76**
S_{45}	NN[157]	RGB-D	45.78	19.86	19.29	23.3	1.66	6.09	0.7	8.97
	SIFT Flow[157]	RGB-D	48.25	20.8	20.92	23.61	1.83	8.73	0.77	10.05
	KDES[157]	RGB-D	78.64	33.15	34.25	42.52	25.01	**35.74**	**35.71**	36.33
	SS-CNN-R6	RGB-Dr	**79.54**	**65.29**	**53.57**	**68.80**	**42.26**	25.37	8.51	**40.66**

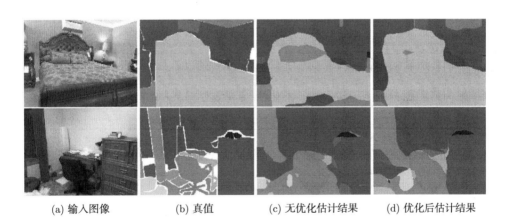

(a) 输入图像   (b) 真值   (c) 无优化估计结果   (d) 优化后估计结果

图 3.8 语义分割及其优化结果

图中给出了采用 SS-CNN-R6 作为网络结构的估计结果。真值中白色部分表示背景或具有二义性的区域，在训练和验证时均不予考虑。从图中可见经过优化带来的不只是结果的平滑，并且在对应的场景中"强化"了特定类别的物体

表 3.3 下半部分给出了 SS-CNN 与同类方法的语义分割结果对比，为了公平比较，SS-CNN 在 $\hat{S}_{45}$ 上预测的结果直接通过最近邻插值上采样成 S_{45} 中原始图像的大小，并在原始分辨率上衡量准确率。表中比较的语义分割方法如下。

- **最近邻搜索** (nearest neighbor, NN) Song 等[157] 提出采用此方法作为参考基准线。该方法首先将所有训练图片与验证图片表示为 Place-CNN 特征，对于每张验证图片的特征搜索其在训练特征空间中的最近邻，然后直接将该最近邻样本的语义分割标注作为该验证样本的标注。
- **SIFT flow**[160] 与 NN 方法类似，此方法通过 SIFT flow 搜索验证样本在训练样本中的最近匹配，并采用所匹配的训练样本标注作为验证样本的标注。
- **核描述子** (kernel descriptors, KDES)[161] 该方法属于性能领先的图像分割算法，它首先对图片进行超像素分割，然后采用核描述子从每个超像素对应的彩色图像和深度图像提取特征，再利用线性 SVM 对其进行分类，最后通过马尔可夫随机场 (MRF) 与分割树协调超像素之间的近邻一致关系。

从表 3.3 可见，本章的 SS-CNN-R6 在 S_{45} 上与同类方法的对比中也实现了领先的性能，再次验证了利用场景类别优化语义分割结果的有效性。

3.4.5 数据集外场景测试结果

在公开数据集 SUN RGB-D 上的实验结果说明了本章所提出的 SS-CNN 的有效性，为了进一步验证 SS-CNN 的泛化能力，本章利用固定于机器人上的 Kinect 额外采集了一组不属于 SUN RGB-D 的图像并进行测试，具体来说，这组测试样本共包含 230 张 RGB-D 图像，分别对应于 SUN RGB-D 中存在的 6 个场景类别。

本节直接将在 SUN RGB-D 上训练得到的 SS-CNN-R6 应用于新采集的 230 张图像进行测试，而不再针对新场景重新微调网络。与SUN RGB-D保持一致，RGB-D 图像被表示成彩色图像、深度图像以及法向量图像的集合，共计 7 个通道。表 3.4 给出了 SS-CNN-R6 在该测试数据集上各场景类别的分类准确率。从表中可见，即便是在一个全新的环境下，SS-CNN 仍然给出了接近于表 3.2 中在 SUN RGB-D 验证集上获得的准确率，充分说明了 SS-CNN 在降低了所需训练样本的同时仍具有良好的泛化性能。

图 3.9 中给出了验证集上的一些示例图片以及 SS-CNN 预测得到的结果。值得一提的是，本节所考虑的测试数据集本身具有一定的挑战性，某些不同类别的场景之间具有高度相似性，即便是人类也不一定能根据图片来准确区分它们的类别。例如，图中最后一列的两张图片的真实标注是 "机房" 与 "休息区"，而 SS-CNN 给出的分类结果分别是 "办公室" 与 "讨论区"，而这个判断也是具有一定合理性的。

3.4 实验结果

这也在一定程度上反映了在语义正则下 SS-CNN 学习了物体层面知识,从而可以抽取图像中电脑、沙发等物体的特征并给出与这些特征相关的场景类别估计。

表 3.4 SUN RGB-D 外的场景分类性能测试

类别	样本数量	准确率/%
机房	41	19.5
会议室	29	13.8
走廊	38	47.4
厨房	14	35.7
办公室	94	63.8
休息区	14	57.1
全部	230	39.6

(a) 办公室　　　　(b) 走廊　　　　(c) 办公室

(d) 休息区　　　　(e) 厨房　　　　(f) 讨论区

图 3.9 数据集外场景分类测试结果示例

图中给出了 6 张测试集上的样例图片,该测试集为本书作者采集,因此不包含数据集 SUN RGB-D 中的样本。本章直接采用在 SUN RGB-D 上训练得到的 SS-CNN 进行场景类别估计,图中标注了 SS-CNN 在每张样例图片上预测的场景类别。左侧 4 张图 ((a),(b),(c),(d)) 是估计正确的样例,而右侧 2 张图 ((c),(f)) 是估计错误的样例。对于右侧两张错误样例,网络分别给出的估计是 "办公室" 与 "讨论区",对应的真值是 "机房" 与 "休息区",从图中可见这些错误判断也是具有一定合理性的

3.5 本章小结

本章基于多任务之间相关性的先验知识对深度神经网络结构进行正则,以提升网络的泛化性能,该思想应用于基于图像的场景分类问题,以单输入多输出的方式要求网络同时估计图像场景类别以及像素物体类别,实现了具有语义正则分支的场景分类网络。值得一提的是,这种多任务方式进行正则的思路是具有可扩展性的,可以用于一系列具有相关性的任务。实验表明,这种多任务的结构化正则方式大幅度减小了场景分类问题对于训练样本数量的依赖,仅需要数千张训练样本,即可在公开数据集 SUN RGB-D 上实现文章发表时最优的场景分类性能,其效果优于通过数百万张图像进行训练而得到的 Place-CNN。本章还提出了基于场景类别而进一步优化语义分割性能的优化算法,并在语义分割任务上也实现了文章发表时的最优性能。此外,本章直接将网络应用于与数据集 SUN RGB-D 无交叉的测试场景中,证明网络在新的场景中也可以获得接近于 SUN RGB-D 上的场景分类准确率,再次验证了多任务的结构化正则可提升算法的泛化能力。

值得一提的是,本章提出的通过多任务进行结构正则的方法是一类通用的方法,可应用于各种具有一定相关性的感知任务,例如,在本章所对应文章发表之后所发表的一些工作验证了同时考虑定性语义分割问题和定量深度估计问题等也可以提升模型的泛化能力[59, 60],因此未来可结合本书第 4 章内容进一步探讨多类任务构成的正则网络。此外,尽管本章通过构造不同的正则化结构分析了不同正则分支对网络性能的影响,但相比于第 2 章而言,本章对于结构正则化如何提升网络泛化能力的理论分析仍较为欠缺,在未来的工作中应该对其理论进行深入分析。

第 4 章　结构正则约束：嵌套残差网络

4.1　引　　言

近年来,深度学习也证明可以成功用于解决一系列病态问题,如图像去噪[11, 12]、图像超分辨率重构[13, 14]等。然而,拟合这些任务映射本身具有的病态性问题具有更大挑战性,因为输入 x 本身提供的信息不足以确定唯一的输出 y。正则化对于病态问题来说具有重要意义,在解不唯一的情况下,正则化的引入可以缩小解的空间甚至可取解唯一化。因此,本章以及第 5 章都从这个思路出发,研究针对任务映射病态问题的正则化深度学习算法。病态问题的正则化研究在机器人环境感知中也具有重要意义,相比于定性的语义感知,机器人环境感知中许多关于定量感知的问题都是病态的,例如,从图像中估计场景距离以及从稀疏点云中三维模型等,因此本书接下来的研究针对定量感知而开展。

本章的研究目标是从单目图像恢复深度。深度信息在人类生活中发挥着重要的作用,计算机视觉以及与机器人应用相关的许多工作中也证明了深度信息的引入可以提升任务性能[162, 163],如第 3 章中介绍的,深度信息的引入可以提升各类算法在场景分类和语义分割等任务上的准确率。尽管目前市面上存在着多种深度信息传感器,但常用的几种深度传感器却都有着各自的局限,例如,3D 激光雷达价格昂贵且在物体反射强烈时无法给出正确估计,Kinect 虽然价格实惠但有效感知范围非常有限,双目传感器则需要精确校准并且无法用于纹理缺失区域。因此,近年来许多人开始尝试直接从单目图像估计深度,从而获得价格低廉且稠密的深度估计。从单目图像估计深度这一问题显然是病态的,同样一张图像也可以对应不同的距离远近以及场景摆放,如图 4.1 所示,即使是人类也可能被单目图像所欺骗。研究人员最初试图根据场景的结构化信息来从单目图像恢复深度[164-166] 然而这些方法的性能依赖于场景结构而难以推广到一般应用场合。近年来,在大规模数据集的训练下,深度学习在单目深度估计上取得了显著的进展[100-105],但是其精度仍然没有达到实用的程度。

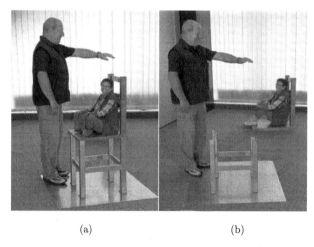

图 4.1 从单目图像估计深度的二义性示意[167]

在只给定图 (a) 的情况下，人们往往认为图中凳子上的人远小于站立的人，而从图 (b) 可见人物的体型差异实际上是由距离远景差异导致的

为了提升深度学习在单目深度估计问题上的泛化能力，本章首先借助机器人的多传感器特性，在单目图像的场景深度估计问题中引入机器人，可从较低成本深度传感器中获得稀疏观测，然后进一步提出嵌套残差网络的正则化结构来充分结合图像信息与稀疏深度信息。同样以图 4.1 为例，如果图 4.1(a) 提供了场景中的一些稀疏的深度观测点 (如图中两人对应的深度值)，即可消除该图像的二义性。对于稀疏深度信息来说，移动机器人往往都配备了用于避障、建图和定位的 2D 激光雷达[168]，而在自动驾驶领域，相对比较廉价但观测更为稀疏的 3D 激光雷达也是十分常用的。因此，本章提出的方法可在不增加额外经济负担的前提下直接应用于多种现有的移动机器人以及自动驾驶平台，且可以获得比激光雷达更稠密、比单目估计更精确的深度估计。移动机器人常用的同时定位与构图 (SLAM) 技术也会产生一些具有较高可信度的稀疏深度估计[169]，这些稀疏估计同样可以作为本章的输入信息。

如何结合图像信息与稀疏的深度观测信息是一个重要的挑战。一个最直接的想法是直接将稀疏的三维点云投影到二维平面上并将其与彩色图像并联作为网络输入，然而在点云过于稀疏时，深度神经网络难以从稀疏深度图中学习有效的信息。因此，本章首先根据稀疏观测深度生成一张稠密参考深度图，再利用稠密参考深度图与真实深度之间的差值具有实际物理意义的先验知识，提出可以明确学习参考深度图与实际深度图之间的残差深度的嵌套残差网络 (residual of residual network)。具体来说，嵌套残差网络是在残差网络 (residual network, ResNet) 的基础上进一步在网络输入与网络输出之间引入全局跳跃连接 (global skip connection) 而实现的，这个全局跳跃连接约束网络直接学习具有物理意义的残差深度。如 1.3.2 节所介绍的，ResNet 是一种对网络结构进行正则的模型，因此本章提出的嵌套残差网络也是一种基于结构的正则化方法。嵌套残差结构的提出将直接从单目估计深度的问题重新定义为利用图像从给定参考深度图中 "雕刻" 出实际深度的问题。

在计算机视觉与机器人领域也有一些试图从稀疏深度图估计稠密深度图的工作，其中融合稀疏 3D 激光雷达数据与单目图像进行稠密的深度重构是一个较为热门的话题[170, 171]。由于这些问题中考虑的稀疏观测，即 3D 激光雷达点云本身是具有一定的稠密性的，因此这类问题通常可以看作图像填充问题。对于这类填充问题，常见的做法是在要求稠密重构数据符合稀疏观测的同时加入平滑正则项。Harrison 和 Newman[170] 提出采用二阶平滑项进行正则，而 Piniés 等[171] 提出在不同场景下搜寻适应当前场景的正则项。值得注意的是，这类填充方法局限于较为稠密的稀疏观测，因此其使用范围仅局限于 3D 激光雷达数据，而本章提出的方法可兼容 2D 激光雷达、3D 激光雷达等多种从十分稀疏到较为稠密的观测数据。Cadena 等[60] 的工作与本章最为接近，他们采用一个多模态的自编码器结构，直接以稀疏点云投影到二维上的稀疏深度图以及彩色图像作为输入，来估计稠密深度输出，然而这种方式对稀疏深度信息的利用程度有限，本章的实验章节将说明本章提出的嵌套残差网络更有效地利用了稀疏信息。

4.2 嵌套残差网络

本节首先介绍如何从稀疏的观测信息构造稠密的参考深度图，然后介绍以结构正则方式进行正则的嵌套残差网络。

4.2.1 稠密参考深度构造

给定从 2D 或 3D 激光雷达观测得到的激光点云，最直观的二维表示方法是将每个点投影到图像所在平面上，而所有无投影点的值置为 0[60]，这种表示中非 0 像素点所占比例很少，因此称为 "稀疏观测深度图"。在这种稀疏输入下，深度神经网络很难从中直接学习有效信息。从另一方面来说，这种稀疏表示方式混淆了两种数据类别，其一是具有物理意义的深度距离值，其二是表示该点无有效观测的逻辑值，这两种类型数据的混合也会对网络的学习造成一定的影响。

为解决这一问题，本章提出首先从稀疏观测深度图构造"稠密参考深度图"，具体来说是借助核回归算法 (kernel regression)[172] 对稀疏观测深度图进行插值，从而得到每个像素点均表示一个深度值的稠密深度图。值得一提的是，在核回归算法下本方法可兼容 2D 激光点云、3D 激光点云以及随机深度点等多种稀疏观测。本节将简单介绍核回归算法，然后说明如何将其应用于稠密参考深度图的构造。

核回归算法用于估计一个随机变量的条件期望。Takeda 等[172] 提出核回归算法可以用于图像处理中的一系列任务，如图像去噪、图像插值等。在图像处理任务中，给定 P 个像素点所观测的像素值 y_i，核回归算法的观测模型可以定义如下：

$$y_i = z(\boldsymbol{x}_i) + \varepsilon_i, \quad i = 1, \cdots, P \tag{4.1}$$

其中 $\boldsymbol{x}_i$ 表示一个像素点的坐标，对于图像来说 $\boldsymbol{x}_i$ 是二维向量，$z(\cdot)$ 表示回归方程，ε_i 表示独立同分布的零均值随机噪声。本节的目的是根据给定的 P 个观测对 $(\boldsymbol{x}_i, y_i)$ 求解回归方程 $z(\cdot)$，从而可以在全图任意坐标点 $\boldsymbol{x}$ 上获得对应的像素值 y，在本章所考虑的任务中 y 表示深度值。$z(\boldsymbol{x}_i)$ 的表达形式是不固定的，不妨假设它具有 N 阶局部平滑特性，然后可在样本点 $\boldsymbol{x}_i$ 的邻域内扩展 $z(\boldsymbol{x}_i)$ 从而获得任意坐标点 $\boldsymbol{x}$ 对应的像素值。具体来说，$z(\cdot)$ 可在 $\boldsymbol{x}_i$ 的邻域内进行泰勒展开，如下所示：

$$z(\boldsymbol{x}_i) = \beta_0 + \boldsymbol{\beta}_1^{\mathrm{T}}(\boldsymbol{x}_i - \boldsymbol{x}) + \boldsymbol{\beta}_2^{\mathrm{T}}\mathrm{vech}\left\{(\boldsymbol{x}_i - \boldsymbol{x})(\boldsymbol{x}_i - \boldsymbol{x})^{\mathrm{T}}\right\} + \cdots \tag{4.2}$$

其中 vech($\cdot$) 表示将对称矩阵的下半角元素进行向量化的操作，例如，对于一个 2×2 的对称矩阵来说 vech($\cdot$) 定义如下：

$$\mathrm{vech}\left(\begin{bmatrix} a & b \\ b & d \end{bmatrix}\right) = [\, a\ b\ d\,]^{\mathrm{T}} \tag{4.3}$$

然后核回归算法需要求解的问题可以转换为下式给出的加权最小二乘问题：

$$\min_{\{\boldsymbol{\beta}_n\}_{n=0}^{N}} \sum_{i=0}^{P} \left[y_i - \beta_0 - \boldsymbol{\beta}_1^{\mathrm{T}}(\boldsymbol{x}_i - \boldsymbol{x}) - \boldsymbol{\beta}_2^{\mathrm{T}}\mathrm{vech}\left\{(\boldsymbol{x}_i - \boldsymbol{x})(\boldsymbol{x}_i - \boldsymbol{x})^{\mathrm{T}}\right\} - \cdots\right]^2 K_H(\boldsymbol{x}_i - \boldsymbol{x}) \tag{4.4}$$

其中 N 表示式 (4.2) 中泰勒展开的阶数，$\boldsymbol{\beta}_n$ 是待估计的参数。直观来说，对于待估计样本 $\boldsymbol{x}$，与其距离更近的观测样本 $\boldsymbol{x}_i$ 具有更高的可信度。核函数 $K_H(\cdot)$ 在这一直观假设的基础上对最小二乘问题进行加权，权重取决于观测样本 x_i 与待估计样本 x 之间的距离，即距离越小时权重越高。本章采用如下所示的高斯核函数：

$$K_H(x_i - x) = \frac{1}{2\pi\sqrt{\det(H^2)}} \exp\left\{-\frac{(x_i - x)^\mathrm{T} H^{-2}(x_i - x)}{2}\right\} \quad (4.5)$$

其中 H 是一个平滑矩阵，对于二维图像处理任务来说它的尺寸是 2×2。

Takeda 等[172] 提出了一种可控核回归算法 (steering kernel regression)，即根据观测点样本邻域的数据分布来构造平滑矩阵 H 从而"控制"核函数。因此，H 在每个采样点 x_i 具有不同的取值，具体来说，H_i 定义如下：

$$H_i = h\mu_i C_i^{-\frac{1}{2}} \quad (4.6)$$

其中 h 是共享的平滑参数，μ_i 是一个表示邻域内观测点稠密度的标量参数。考虑 μ_i 的原因是核的大小应该根据观测点稠密程度而调整，如果一个区域内观测样本点稀少，则需要考虑影响范围更大的核函数，反之则应该考虑影响范围更小的核。C_i 决定了核的形状、朝向与大小，它可以根据邻域内图像的梯度计算得到，也可以根据先验知识指定。在式 (4.6) 的表示下，核函数可以表达为如下形式：

$$K_{H_i}(x_i - x) = \frac{\sqrt{\det(C_i)}}{2\pi h^2 \mu_i^2} \exp\left\{-\frac{(x_i - x)^\mathrm{T} C_i (x_i - x)}{2h^2\mu_i^2}\right\} \quad (4.7)$$

可见，在计算或指定每个观测点上的 C_i 之后，即可确定 $K_{H_i}(x_i - x)$ 的取值，并求解式 (4.4) 中的加权最小二乘问题，从而得到指定像素点 x 上的深度值。

由于本章中所考虑的稀疏观测数量 P 十分有限，核回归算法中 x_i 的邻域范围太小时，无法在邻域内获得足够数量的稀疏观测，也就是说式 (4.4) 是欠定的，但一味地扩大邻域范围只会产生过于模糊的稠密参考深度图。因此，本章根据先验知识，对于不同类型的稀疏观测设计不同泰勒展开的阶数 N 以及 C_i，从而使得算法可以在给定不同稀疏观测的情况下都生成合理的稠密参考深度图。具体来说，本章讨论了稀疏观测分别为 2D 激光雷达点云、3D 激光雷达点云以及随机观测的情况。图 4.2 给出了不同稀疏观测下的稠密参考深度图样例。

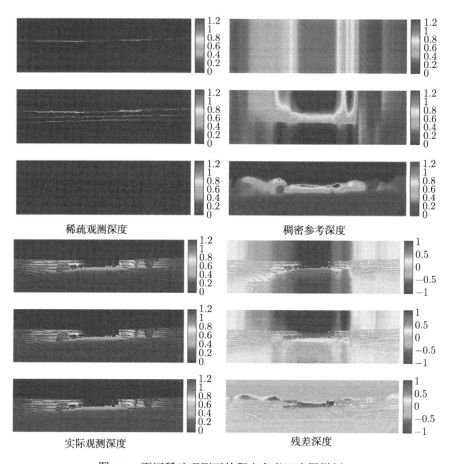

图 4.2 不同稀疏观测下的稠密参考深度图样例

图中给出了基于核回归算法从不同稀疏观测构造的稠密参考深度图。第一行为单线激光观测,第二行为四线激光观测,第三行为 2%随机采样的稀疏观测

- **2D 激光雷达点云** 如图 4.2 第一行所示,水平方向上安装的一个 2D 激光雷达只能采集到类似于一条水平线的深度数据,从如此稀疏的观测数据重构全图的观测具有一定难度。受 Badino 等[173] 工作的启发,一张图像往往可以由多个竖直长条形状的长方形表示,将稀疏观测按照竖直方向进行延展是合理的。因此,本章考虑具有大面积的邻域范围,并对于所有的观测点指定 $C_i = [0.01, 0], [0, 1]$,意思是每个观测点在竖直方向上的影响远大于其在水平方向上的影响,这也可以看成是将观测沿竖直方向延伸至全图。此外,考虑到竖直方向上观测数据有限,求解式 (4.4) 时采用 $N=1$ 的一阶泰勒展开。

4.2 嵌套残差网络

- **3D 激光雷达点云** 图 4.2 第二行给出的是从四线激光雷达观测重构的稠密深度,此时观测仍然较为稀疏,图像中仍包含面积较大的无观测区域,因此与单线观测一致,同样考虑具有大面积的邻域范围且采用 $C_i = [0.01, 0], [0, 1]$。一个主要的区别在于此时采用 $N = 2$ 的二阶泰勒展开,因此在求解式 (4.4) 时可以使用更复杂的二阶函数来拟合多个观测点的数据。

- **随机深度点** SLAM 或视觉里程计等算法可以提供可信度较高的稀疏观测,因此,本章也考虑了从随机深度点恢复稠密深度图的例子,如图 4.2 第三行所示。由于随机点是遍布了整张图片的,因此可以指定一个相对较小的邻域范围来重构稠密深度图,并且在每个观测点上根据对应 RGB 图像的梯度计算 C_i,也就是说根据可控核的思路在 RGB 图像梯度的指导下从稀疏深度点重构稠密深度图。同样,针对随机深度点采用 $N = 2$ 的二阶泰勒展开。

4.2.2 结构正则化的嵌套残差网络

考虑到稠密参考深度图解决了稀疏深度图中同时包含深度值与逻辑值的问题,稠密参考深度图与真实深度图之间的差值是具有实际物理意义的,即差值的正负表明了该参考深度是远于还是近于实际距离,而差值的绝对值说明了参考深度与实际距离之间的远近程度。在这一先验知识的指导下,从单目图像估计深度的问题可以重新定义为利用图像信息对参考深度图进行"雕刻"而得到实际深度的问题,也就是说网络的目标转换为学习参考深度图与真实深度图的差异,定义为"残差深度图"。

由于残差网络 (ResNet) 的设计思路是在输入与输出之间的残差,因此,一个直观的选择是采用 ResNet 来学习参考深度图与真实深度图之间的残差深度,然而,本节首先分析 ResNet 并没有明确地估计输入 x 与输出 y 的差值。ResNet 与普通 CNN 的主要差别在于它的基本组成结构:残差模块 (residual block)。图 4.3 给出了一个 ResNet 残差模块的示意图,它包含数个正常的卷积层,以及从输入直

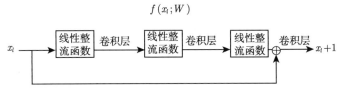

图 4.3 ResNet 残差模块的示意图

接引到输出的跳跃连接 (skip connection)，这类引入跳跃连接的网络是一种基于结构的正则方法。

残差模块可以用如下公式表示：

$$x_{l+1} = \sigma(f(x_l; W_l) + x_l) \tag{4.8}$$

其中 x_l 为残差模块的输入，$f(\cdot)$ 表示图中数个卷积层的联合运算，W_l 则表示其中包含的所有参数，$\sigma(\cdot)$ 表示一个非线性操作，在 ResNet 中所采用的是 ReLU[174]，即将输入中每个小于 0 的元素置为 0。由于 $\sigma(\cdot)$ 是一个非线性函数，而 $f(x_l; W_l) + x_l$ 并非恒大于零，因此可以得到以下的不等式：

$$\sigma(f(x_l; W_l) + x_l) \neq \sigma(f(x_l; W_l)) + \sigma(x_l) \tag{4.9}$$

这也就是说，由于非线性映射的存在，一个残差模块并没有准确地学习其输入与输出的残差 $x_{l+1} - x_l$。同理，由多个残差模块组成的 ResNet 也并没有准确地学习整个网络的输入 x_0 与输出 x_L 之间的残差。对于本章所考虑的问题而言，x_0 就是 4.2.1 节中估计的稠密参考深度图，而 x_L 是实际深度图。

为了明确地鼓励网络准确地估计残差深度，本章在 ResNet 的基础上进一步引入了一个从网络输入到输出的跳跃连接，称为全局跳跃连接 (global skip connection)，也就是说直接将参考深度图输送到网络估计的深度图之前，所以网络的输出为 $x_L = x_{L-1} + x_0$。这个全局跳跃连接的引入使网络实现了准确的残差深度估计，而本章的实验章节也将证明这种全局跳跃连接的正则化结构对于这类输入与输出之间的差值对具有物理意义的问题来说是十分有效的。由于网络中同时存在着残差模块包含的局部跳跃连接以及全局跳跃连接，这个结构命名为嵌套残差网络 (residual of residual network)。完整的网络构架如图 4.4 所示，具体来说，嵌套残差网络中包括两种残差模块，其中的残差模块就是式 (4.8) 所介绍的基本残差模块，而前四个黑边框强调的深灰色的成比例残差模块的主要区别是具有尺度缩放的功能，其跳跃连接上也包含一个用于尺度缩放的卷积层，引入成比例的残差模块是因为特征的尺度缩小有助于扩大卷积神经网络的感受野。为了得到具有较高分辨率的输出，本章采用了 5 个反卷积层 (deconvolution) 将特征尺度扩大到接近原始尺度。此外，图中还可以看到网络中包含了一个 Softmax，4.2.3 节将具体介绍其用意以及网络的代价函数。

4.2 嵌套残差网络

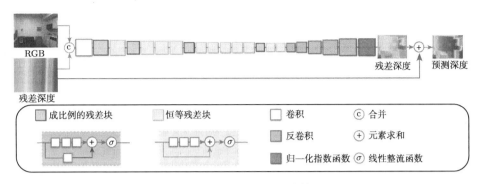

图 4.4 嵌套残差网络结构

网络结构与 ResNet-50 一致，包含 50 个卷积层以及 5 个反卷积层。图中长箭头表示本章提出的全局跳跃连接，从而构成一个明确要求学习残差深度的嵌套残差网络

4.2.3 代价函数

对于深度值估计，一个最常见的做法是通过最小化深度值与真值之间 ℓ_1 或 ℓ_2 的距离从而回归连续的深度值[100–102,104]。Cao 等[105]指出与回归深度值相比，将深度值离散化并估计离散类别可以获得更优的性能，然而离散化方式也会导致估计的深度值精度有限。本节从 Cao 等[105]的研究出发，同样通过离散化的方式来估计深度值，更重要的是，本节指出离散值的估计方式实际上可以看作是对深度的一种概率估计方式，因此它的期望值可以表示一个连续的深度估计值，此外，它的方差也可以提供有效的置信度信息。

具体来说，给定一个训练样本点，其真实深度值落在指定的 N 个等间隔栅格中，这些栅格中心点的深度值为 $y_1,\cdots,y_N$。本章通过 Softmax 估计该样本点落在各个栅格的概率 $p_1,\cdots,p_N$，可见这些概率值代表了一个离散随机变量 Y 的分布，且该随机变量的期望和方差可以计算如下：

$$E[Y] = \sum_{i=1}^{N} y_i p_i \tag{4.10}$$

$$\mathrm{Var}[Y] = \sum_{i=1}^{N} (y_i - E[Y])^2 p_i \tag{4.11}$$

其中，期望值 $E[Y]$ 给出了一个不受离散化限制、取值连续的深度值，本章也采用 $E[Y]$ 为最终深度估计结果，而 $\mathrm{Var}[Y]$ 进一步表示了这个估计的不确定性。

在此基础上，本章的代价函数定义如下：

$$\mathcal{L} = w_1 \mathcal{L}_{\text{class}} + w_2 \mathcal{L}_{\text{regress}} \quad (4.12)$$

其中 w_i 为各项代价函数的权重。式中第一项与 Cao 等[105] 提出的离散化分类误差一致，是用于分类问题的交叉熵代价函数，可以用公式表示如下：

$$\mathcal{L}_{\text{class}} = -\sum_{i=1}^{N} \delta([y] - i) \log p_i \quad (4.13)$$

其中 $\delta(x)$ 在 $x = 0$ 时值为 1，$x \neq 0$ 时值为 0。除了分类误差外，本章进一步加入回归代价函数，直接约束分布的期望值接近真实深度值：

$$\mathcal{L}_{\text{regress}} = |y - E[Y]| \quad (4.14)$$

本章所考虑的代价函数相比于单纯的分类或回归函数具有如下几点优势。

- 式 (4.13) 中的分类误差没有考虑每个离散栅格之间的差异，因此无论估计的深度与实际深度之间的差值大小是多少，只要估计深度没有落在实际深度的栅格上，则所得到的误差都是一致的。举例来说，如果实际深度对应的类别是第 50 类，那么估计深度是第 51 类时也会受到与估计深度是第 100 类时一样的惩罚。相比之下，式 (4.14) 中的回归误差会给第 100 类的估计结果更大的惩罚。

- 如果分类时最大概率的估计深度落在了实际深度的栅格上，那么式 (4.13) 中的代价会大幅度衰减，而式 (4.14) 中的回归误差会继续作用，从而使得在 $E[Y]$ 进一步逼近真实的深度值。

- 相比于单独的回归误差而言，本章通过期望而定义的回归误差具有更高的鲁棒性，因为它给出的估计是有界的。此外，单独的回归误差也无法提供关于不确定性的评估，而本章的方差为估计的深度值提供了一个可靠的不确定性估计。

4.3 实验结果

本节首先在具有大量训练样本的室内数据集 NYUD2 [162] 上通过仿真激光雷达数据验证本章提出的结构正则化方法的有效性后将其应用于室外数据集 KITTI [175]，并探讨本章方法对多种稀疏观测的兼容性以及输出可提供的不确定性，进一步证明其应用层面的价值。

4.3 实验结果

4.3.1 实验配置

本章提出的嵌套残差网络基于深度学习框架 Pytorch[①] 实现。与 ResNet 一致，网络在各个卷积层后采用批标准化[52] 以提升网络收敛速度，训练时每个批包含 16 个样本。学习率随训练过程逐步衰减，即 $\eta = 10^{-6} \times 0.98^{\lfloor n/1000 \rfloor}$，其中 n 表示网络中已训练的批的个数。受 Eigen 等[100] 工作的启发，网络训练时针对输入进行在线的数据增强 (data augmentation)，具体包含旋转、尺度缩放、色彩转换以及随机翻转等操作。

本节的实验部分围绕以下两个数据集展开。

• **NYUD2**[162] 由微软 Kinect 采集的一个室内数据集组成，它包含 464 个场景，共计四百多万张彩色图像与深度图像对。它的优点是包含大量数据，有助于网络的训练，因此也是各类单目图像深度估计方法常用的一个数据集。然而 NYUD2 采集时不包含激光点云数据，本节实验中通过仿真的激光雷达获得稀疏观测。根据 NYUD2 官方提供的数据集划分，取 249 类场景为训练场景，余下的 215 类场景为测试场景。由于 NYUD2 的四百多万张图像是由视频序列组成，相邻帧之间相似性十分高，因此本章从训练场景中均匀采样了 50000 个图像对作为训练数据。注意到 Kinect 采集的原始数据中可能存在着深度估计不完整的问题，因此训练时对这些没有深度估计的像素予以忽略，而对于测试来说，本章采用的是测试场景中经过后处理填充了缺失深度信息的 654 张图像，这也是本章对比的其他深度估计方法所采用的测试数据 [100–102,104,105]。

• **KITTI**[175] 自动驾驶领域十分常用的一个公开数据集，KITTI 同时采集了彩色图像以及 64 线的 3D Velodyne 激光雷达点云，3D 激光点云投影在图像坐标系上即可得到对应深度图，在训练和测试时均对没有激光观测值的像素点予以忽略。与 Eigen 等[100] 的实验配置一致，本章在 KITTI 原始数据中的三大类场景上进行训练和测试 (城市、住宅区和道路)，共包含 59 个场景。同样的，本章也根据场景将其划分为 30 个训练场景和 29 个测试场景，并从训练场景中采样 5000 张图像对训练网络，从测试场景中采样 632 张图像对进行测试。

本章采用深度估计中所常用的一系列标准评价指标评估各方法的性能。令 y_i 表示第 i 个像素点上的实际深度，$\bar{y}_i$ 表示估计的深度，N 表示所有具有有效深度像素点的数目，则评价指标可以用公式表示如下。

[①] http://pytorch.org。

- **均方根误差** (root mean squared error, rmse)：$\sqrt{\frac{1}{N}\sum_i(\bar{y}_i - y_i)^2}$；
- **平均相对误差** (mean relative error, mre)：$\frac{1}{N}\sum_i \frac{|\bar{y}_i - y_i|}{y_i}$；
- **平均对数误差** (mean log10 error, log10)：$\frac{1}{N}\sum_i |\log_{10}\bar{y}_i - \log_{10} y_i|$；
- **阈值精度** (threshold δ_k)：满足 $\max\left(\frac{\bar{y}_i}{y_i}, \frac{y_i}{\bar{y}_i}\right) < \delta^k$ 的 y_i 占所有像素点的比例，其中 $\delta = 1.25$ 且 $k = 1, 2, 3$。

4.3.2 结构正则化有效性验证

考虑到 NYUD2 具有大量的训练数据，本节首先在 NYUD2 上验证结构化正则方法的有效性。NYUD2 并不提供对应的激光点云数据，因此本节在 Kinect 深度数据的基础上仿真了一个垂直于重力方向，距离地面高度固定的 2D 激光雷达。由于 NYUD2 是采用手持 Kinect 采集的，相机的姿态并不固定且变化较大，即图片中重力的方向也不固定，因此，实验中首先依照 Gupta 等[176] 的方法根据深度图来估计每张图片的重力方向，再仿真垂直于该重力方向的 2D 激光，后续实验结果表明该重力方向估计方法的精度是满足本章需求的。

为了验证基于嵌套残差网络的结构化正则对提升深度估计性能的帮助，本节进行了多组对比实验，结果如表 4.1 所示。表格首先以单目图像直接估计深度图作为参考 (输入为 RGB)，然后加入单线信息 (输入为 RGB + Ref.)，验证使用嵌套残差结果对性能的影响，最后再考虑代价函数以及平滑后处理对性能的影响。除了表格中所列变量因素外，各方法的网络结构与代价函数都是一致的。从表 4.1 中结果可以得出以下结论。

表 4.1 稀疏观测有效性验证

输入	嵌套残差	代价函数	后处理	误差 (数值低为优)			准确率 (数值高为优)		
				rmse	mre	log10	δ_1	δ_2	δ_3
RGB	—	C.	—	0.642	0.184	0.071	76.2	92.7	97.4
RGB + Ref.	否	C.	—	0.537	0.124	0.051	86.2	95.1	97.9
RGB + Ref.	是	C.	否	0.480	0.108	0.045	87.0	95.8	98.5
RGB + Ref.	是	C.+R.	否	0.451	0.106	0.044	87.4	96.2	98.8
RGB + Ref.	是	C.+R.	是	0.442	0.104	0.043	87.8	96.4	98.9

4.3 实验结果

- 对比表格的第一行与之后的深度估计结果可见，稀疏信息的引入有效提升了深度估计的性能，这说明将稀疏观测转换成稠密的参考深度图确实有助于深度学习从中学习有效的信息。此外，稠密参考深度图的构建也使得本章可以将问题从直接估计深度图转换成为利用嵌套残差网络估计残差深度图。

- 通过对比表格第二行与第三行可以看到，嵌套残差的结构进一步提升了深度估计的性能。根据 4.2.2 节所解释的，尽管残差网络本身也适用于从参考深度估计准确深度的问题，但嵌套残差结构以全局跳跃连接对残差网络进行正则，将问题转换成直接估计具有物理意义的残差深度值，其带来的性能提升充分说明了嵌套残差网络作为正则化结构的有效性。

- 表格第四行中性能的提升验证了 4.2.3 节中提出的代价函数的优势，此外，本章采用中值滤波方法对第四行中的所得结果进行平滑操作，可以进一步提升估计的平滑性，得到第五行中的估计结果。

通过统计 NYUD2 不同高度上的平均深度估计性能，可以进一步分析本章提出的嵌套残差网络对于结果的具体影响。具体来说，可沿重力方向在高于地面 0.1m 至高于地面 2.1m 的区间内等间隔地生成多个平行平面，并估计各个不同高度平面上深度估计的准确率，所用评价指标与前面实验中的评价指标相同。图 4.5 给出了在不考虑稀疏观测 (对应表 4.1 中第一行结果) 以及考虑单线稀疏观测 (对应表 4.1 中第四行结果) 下不同高度上的结果对比，每个图中横坐标表示平面的高度，纵坐标表示各个指标的数值。由图可见，在考虑了单线稀疏观测的桔色曲线上，表示误差的评价指标图 4.5(a)~4.5(c) 中均有一个极小点，而表示准确率的评价指标图 4.5(d)~4.5(f) 中均有一个极大点，这正好对应了本章仿真的 2D 激光观测的高度 (0.8m)，这说明了嵌套残差网络有效地保留了 2D 激光观测提供的信息。更重要的是，嵌套残差网络不仅提升了在有观测高度上的深度估计准确性，同时也有效改善了所有高度上的深度估计结果，说明嵌套残差网络利用非常稀疏的观测提升了全图深度估计的泛化能力。

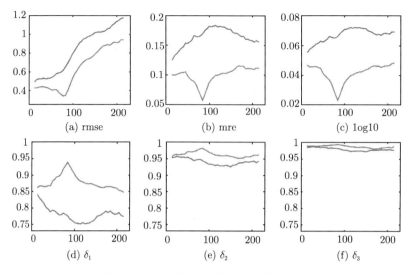

图 4.5 不同高度上的深度估计结果评估

图中展示了在 NYUD2 数据集的不同高度上对深度估计结果的评估。在每个子图中,横坐标表示距离地面的高度,单位为 cm,纵坐标表示各评价指标的数值。子图 (a)~(c) 中的上方线条与子图 (d)~(f) 中的下方线条表示只以 RGB 图像为输入时深度估计的结果,子图 (a)~(c) 中的下方线条与子图 (d)~(f) 中的上方线条表示采用本章的嵌套残差网络的结果,其输入为 RGB 图像以及一条在 0.8m 处的单线激光观测

4.3.3 深度估计结果对比

在纵向验证了本章嵌套残差网络的有效性后,本节仍然以 2D 激光雷达点云为稀疏观测,分别在室内的 NYUD2 与室外的 KITTI 上与其他深度估计方法进行横向对比。表 4.2 中给出了 NYUD2 上本章方法与一系列文章发表时世界领先的单目深度估计方法的比较。表格中的定量结果说明即便只引入非常稀疏的单线激光作为观测,本章的方法也可以大幅度提升基于单目图像的深度估计性能,这验证了本章的嵌套残差网络可以有效利用稀疏观测,在一定程度上消除单目图像深度估计的二义性。

对于 KITTI 而言,Velodyne 的一帧数据包括 64 线激光观测,因此本节直接从 64 线激光中取出一条单线激光作为稀疏观测来仿真 2D 激光雷达。表 4.3 给出了 KITTI 上的深度估计结果比较,可见本章在室外数据集上也可以通过一个单线激光获得优秀的深度估计。值得一提的是,表中对比的 Cadena 等[60] 的方法中也利用了稀疏深度来估计稠密深度,他们直接在不包含稀疏观测的地方填充数值 0,

4.3 实验结果

并将其作为输入信息，而本章基于稀疏的深度估计将问题重新定义成了残差深度的估计，可见本章的方法更充分地利用了稀疏深度信息。

表 4.2 NYUD2 上的各方法深度估计结果对比

方法	误差 (数值低为优)			准确率 (数值高为优)		
	rmse	mre	log10	δ_1	δ_2	δ_3
Liu 等[102]	0.824	0.230	0.095	61.4	88.3	97.1
Eigen 等[100]	0.907	0.215	—	61.1	88.7	97.1
Eigen 等[101]	0.641	0.158	—	76.9	95.0	98.8
Cao 等[105]	0.645	0.150	0.065	79.1	95.2	98.6
Laina 等[104]	0.583	0.129	0.056	80.1	95.0	98.6
本章方法	**0.442**	**0.104**	**0.043**	**87.8**	**96.4**	**98.9**

表 4.3 KITTI 上的深度估计结果对比

方法	误差 (数值低为优)			准确率 (数值高为优)		
	rmse	mre	log10	δ_1	δ_2	δ_3
Saxena 等[166]	8.734	0.280	—	60.1	82.0	92.6
Eigen 等[100]	7.156	0.190	—	69.2	89.9	96.7
Mancini 等[103]	7.508	—	—	31.8	61.7	81.3
Cadena 等[60]	6.960	0.251	—	61.0	83.8	93.0
本章方法	**4.500**	**0.113**	**0.049**	**87.4**	**96.0**	**98.4**

图 4.6 和图 4.7 分别给出了在 NYUD2 与 KITTI 上的定性结果对比。对于 NYUD2，图 4.6 对比了 Eigen 等[101]、本章方法以及真值。从图中可见，仅在单线激光的帮助下，本章方法关于场景远近的全局尺度具有更加准确的估计。图 4.7 对比了 KITTI 上本章提出方法以及从 Velodyne 获得的 64 线激光深度值。值得注意的是，Velodyne 无法在车窗等具有强反射的物体上获得有效深度，而即使这些信息在真值中是缺失的，本章提出的嵌套残差网络仍然在这些位置给出了一个合理的估计，因此在这些具有强反射的物体上本章的算法甚至优于用于训练的激光深度。

除了与单目图像的深度估计方法进行比较之外，本节还通过定性比较说明本方法相比于 2D 单线激光观测的优势。由于 2D 障碍物地图是机器人寻找可行域、避免碰撞的重要信息来源，本节对比了给定多种深度信息下获得的 2D 障碍物地图。其中深度信息包括不同高度下的 2D 激光雷达数据 (0.2m 和 0.8m)、基于深度学习的深度估计 (Eigen 等[101] 以及本章的深度估计结果)，以及通过 Kinect 获取的真实深度值。从深度图获取 2D 障碍物地图时需要考虑从地面到机器人最高点这个范围内的所有障碍物，常见的做法是将深度图投影到三维空间，然后将高度位于 $(0, M]$ 内的所有三维点按重力方向投影到地面，最后保留每个角度上距离机器人最近的点，作为机器人可以安全通行的区域。M 一般取高于机器人最高点的数值，本节采用 M 为 1m。对于仿真的 2D 激光雷达，由于它本身就只有一个高度上的观测，因此可以直接将其沿重力方向投影到 2D 作为障碍物地图。为了更周全的对比，本章分别考虑了在 0.2m 以及 0.8m 的高度上设置仿真 2D 激光雷达。

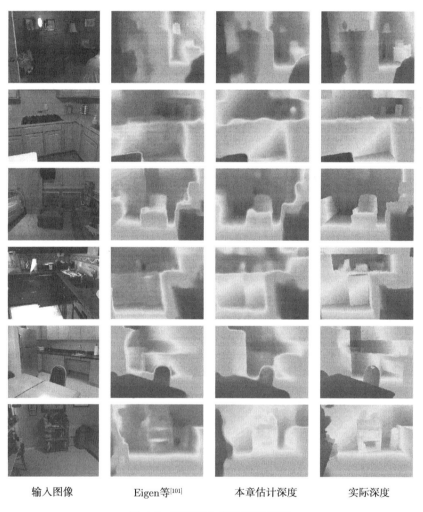

输入图像　　　　Eigen等[101]　　　　本章估计深度　　　　实际深度

图 4.6　NYUD2 实验结果样例

从图中结果可见，本章的嵌套残差网络有效利用稀疏信息，在一定程度上减轻了深度估计的二义性问题

4.3 实验结果

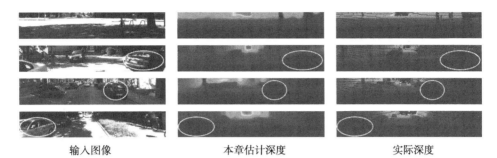

输入图像　　　　　　　本章估计深度　　　　　　　实际深度

图 4.7　KITTI 实验结果样例 (后附彩图)

在深度图中，蓝色表示近距离，红色表示远距离，真值图中深红色表示无有效激光雷达观测的部分。从图中几处白色圆圈标示可见，3D 激光雷达在汽车等反光强烈的物体上无法有效感知其深度值，而本章的方法在这些地方也能提供一个可靠的深度距离估计

图 4.8 给出了由不同深度信息获得的 2D 障碍物地图及对应的彩色图像。如图 4.8(a), (c), (d) 所示，高度设置在 0.2m 的 2D 激光雷达无法检测到高处的灶台以及椅子，而图 4.8(b), (c), (d) 中高度设置在 0.8m 的激光雷达则忽略了较矮的垃圾桶和椅子，这些误检可能导致机器人在实际运行中发生碰撞。由此可见，仅基于一个单线激光考虑机器人避障具有较大风险，因为单线激光只能感知到一个固定高度上的物体，而无法感知整个空间中的几何结构。对于 Eigen 等[101] 的方法，可见仅从单目图像估计深度在尺度上存在着歧义，因此其估计深度与真实深

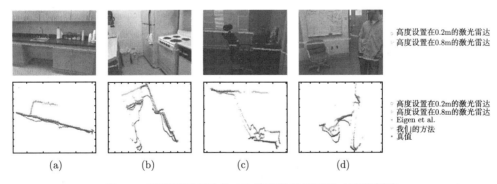

图 4.8　基于不同方法的 2D 障碍物地图对比 (后附彩图)

图中第一行给出的是对应的彩色图像以及在 0.2m 和 0.8m 处的仿真 2D 激光雷达在图像上的投影。第二行给出的是不同深度获取方法按重力方向投影在 2D 的障碍物地图

度之间往往存在着一个恒定偏差。通过引入一个单线激光信息来引导单目深度估计，本章的方法克服了这两类方法各自的局限，给机器人避障提供了更具可靠性的障碍物地图。

4.3.4 输入稀疏观测与输出置信度分析

4.2.1 节中提到，本章的稠密参考图估计方法可适用于多种稀疏观测，本节通过实验对其进行验证。考虑到 NYUD2 数据集上仿真的激光雷达在精度上具有一定局限性，而 KITTI 直接提供了准确的激光雷达观测，因此本节在 KITTI 上开展多线激光观测和随机观测的实验。表 4.4 给出了 KITTI 数据集上输入为不同稀疏观测时性能的比较。对比表中第一行与第二行结果可见，在稀疏观测的激光线数增加后，深度估计的性能也随之提升，这个结果是符合预期的。考虑到观测更为稠密的激光雷达售价更为高昂，本章提出的基于单线或少量多线激光雷达观测并结合图像估计深度的方法具有充分的实际应用价值。表中最后一行给出的是稀疏观测为随机采样深度点的结果，其中稀疏观测是从 64 线激光雷达点云中随机抽取 2% 得到，表中结果表示本算法同样可兼容随机分布的稀疏观测，这也说明了以 SLAM 或视觉里程计估计的深度作为本章稀疏观测的可行性。

表 4.4 不同稀疏观测下的深度估计结果对比

稀疏观测	误差 (数值低为优)			准确率 (数值高为优)		
	rmse	mre	log10	δ_1	δ_2	δ_3
单线激光	3.612	0.105	0.044	89.6	96.9	98.8
四线激光	3.280	0.096	0.040	92.0	97.6	99.0
随机值	3.549	0.075	0.031	93.1	97.6	99.0

4.2.3 节提到本章采用的离散化深度值估计方法可以通过方差 $\text{Var}[Y]$ 反映估计的置信度。为验证这一说法，表 4.5 中对比了以四线激光为稀疏观测时不同方差区间内的深度估计性能。为获得不同方差区间内的深度估计结果，首先依照估计方差 $\text{Var}[Y]$ 从小到大对所有像素进行排序，然后分别评估这个队列中前 100%、前 80%、前 60% 以及前 40% 的像素平均深度估计结果，这个百分比就表示了深度估计结果的置信区间。如表 4.5 所示，从 80% 开始，评估的像素越少即评估的平均方差越小时，深度估计的结果就越好，充分说明了方差 $\text{Var}[Y]$ 可以作为一个置信度评估的有效手段。注意到前 80% 内的深度估计结果与 100% 上的全部像素点深度

4.3 实验结果

估计结果几乎一致，是因为 KITTI 数据集上 3D 激光点云投影到图像时，图像上半部分的深度信息是缺失的，这部分信息的缺失导致在测试数据上这一区域的方差远大于图像中有深度观测的部分，所以滤除方差最大的后 20% 像素针对的就是这部分像素，因此总结果并没有波动，这也再一次验证了方差估计充分反映了一个像素点深度估计的可信度。

表 4.5 不同置信度区间内的深度估计结果对比

置信区间	误差 (数值低为优)			准确率 (数值高为优)		
	rmse	mre	log10	δ_1	δ_2	δ_3
100%	3.280	0.096	0.040	92.0	97.6	99.0
80%	3.279	0.096	0.040	92.0	97.6	99.0
60%	2.747	0.089	0.037	93.0	98.0	99.2
40%	1.542	0.071	0.032	96.2	99.3	99.8

图 4.9 中给出了表 4.5 中应用的一些样例，为了更好地展示全图深度估计结果的置信度，图 4.9 给出了完整的彩色图像及其对应的深度估计，因此图像上半部分没有对应的有效激光观测 (图 4.7 只截取了图像具有有效激光观测的部分)。与上面的分析一致，首先，深度估计的置信度在图像上半部分数值远大于图像下半部分，这是由于在所有训练数据中图像上半部分都不具有有效深度观测；此外，图像下半部分中，物体边缘位置的不确定性往往较高 (如汽车、自行车的边缘等)，由于这些边缘位置对应着深度值具有较大变化的区域，因此这一结果也是符合常识的。

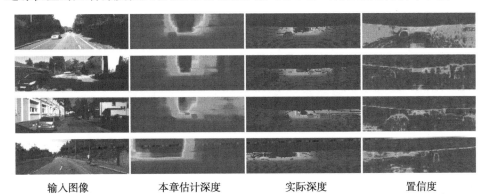

输入图像　　　　本章估计深度　　　　实际深度　　　　置信度

图 4.9 KITTI 实验置信度样例 (后附彩图)

在深度图中，蓝色表示近距离，红色表示远距离，真值图中深蓝色表示无有效激光雷达观测的部分。置信度图中，蓝色表示方差小、可信度高，红色表示方差大、可信度低

4.4 本章小结

本章针对具有病态特性的深度估计问题，借助机器人的多传感器特性引入少量稀疏观测，并利用核回归算法从稀疏观测重构稠密深度图，再考虑稠密参考深度在每个点都具有实际物理意义的先验知识，提出直接估计稠密参考深度与真实深度之间的残差深度的嵌套残差网络。通过在 NYUD2 与 KITTI 上的定量与定性实验，验证了本章方法在室内场景和室外场景上的深度估计性能均优于主流的单目图像深度估计方法，以及同样引入了稀疏观测的单目图像深度估计方法。此外，本章提出的方法在机器人以及自动驾驶等实际应用中具有较大发展空间，因为本方法可兼容多种形式的稀疏数据，还可以对于输出提供可靠的置信度估计。

本章方法相比于同类方法的主要局限在于稠密参考深度图的生成花费时间较长，为实现在移动机器人与驾驶中的实际应用，在未来工作中需要进一步优化稠密参考深度图所生成的时间，这可以通过在 GPU 上实现高速并行运算来实现。

第 5 章　输出正则约束：深度移动立方体网络

5.1　引　　言

第 4 章提出了从结构化正则出发的嵌套残差网络，并讨论了从单目图像估计深度值的问题。由于第 4 章所估计的是一个具体视角下的场景深度图，因此该深度图可以定义为 2.5D。在计算机视觉与机器人领域，除了 2.5D 的深度估计之外，重构物体的 3D 模型也是一个重要的问题，场景 2.5D 深度图主要适用于机器人感知障碍物距离并规划路径等应用，而物体的 3D 模型感知则对于机器人的抓取操作等实际应用具有重要意义[177]。相比于给定具体视角下的 2.5D 深度图，3D 模型是指物体在三维空间中的完整模型，在 3D 模型已知的前提下可以获得物体在任意视角下的深度图。在部分观测下物体的 3D 模型重构同样属于病态问题，本章提出了一种新的基于深度学习的端到端 3D 物体重构算法，并直接对重构物体的几何特性进行正则从而约束解的空间，属于对输出正则的深度学习算法。

传统的 3D 重构方法一般基于马尔可夫随机场[178−181]或变分问题[182,183]，然而这些方法的性能局限于简单的局部平滑性假设[178,181−183]或特性形状物体[184−187]，因此它们仅适用于数据噪声小、纹理丰富或给定物体形状的场景。近年来，深度学习的发展[9,18,36]以及多个 3D 数据集的建立[188−192]说明了端到端学习物体 3D 模型的可能性，提供了在观测数据有噪声、存在缺失等情况下重构物体 3D 模型的一种思路，许多工作在这个方向上的探索也说明了实现该目标的可能[15−17,107−111]。

现有的 3D 深度学习方法可以根据 3D 数据的表示分为两类：基于立体像素 (简称体素) 的方法以及基于点的方法，图 5.1 给出了这两类方法的示意图。基于体素的方法通过深度神经网络输出一个网格状的体素模型，根据体素的取值不同，这个体素模型可以是二元的占用栅格模型[16,17]，也可以是截断有向距离场 (truncated signed distance field, TSDF)[110]。基于点的方法通过深度神经网络直接回归一组固定数量的点作为输出[108]。尽管这两类方法都十分易于实现，但是它们都要求使用额外的后处理方法从体素模型或点云中获得 3D 重构问题最为关注的模型,即以拓扑结构表示物体表面形状的三维网格模型。举例来说,从点集重构物体的网格模型的常用算法有泊松表面重构 (poisson surface reconstruction)[193] 或平滑有向距离表面重构 (smooth signed distance surface reconstruction)[194],而将体素模型转换成网格模型则通常采用移动立方体算法 (marching cubes,MC) [195]。一般来说,体素表示称为非显式表面 (implicit surface),而三维网格模型称为显式表面 (explicit surface),这取决于它们是间接还是直接地表示物体的拓扑表面结构。

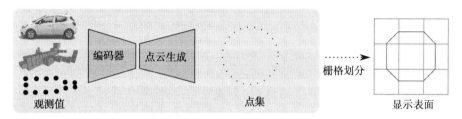

(a) 稀疏点云估计[108]

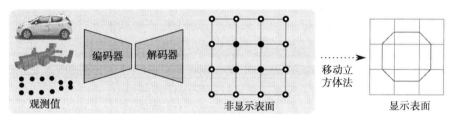

(b) 非显式表面估计[16,110]

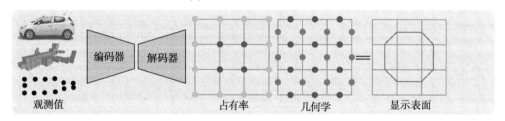

(c) 显式表面估计(本章方法)

图 5.1 基于不同数据表示的三维深度学习示意图

图中分别给出了基于稀疏点云估计 (a)、非显式表面估计 (b) 以及显式表面估计 (c) 的示意图。各种方法的编码器部分 (用于特征提取) 一般是相同的,它的结构取决于输入,而解码器部分 (用于重构三维模型) 则因输出表示而异。图中灰色阴影标出各类方法中可以学习的部分,可见只有本章基于显式表面估计的方法是可以进行端到端训练的

5.1 引言

由于这两类方法都无法端到端地学习物体的网格模型,因此它们需要在各自的三维表示上定义一个附加的代价函数,例如,最小化网络输出点集与真值点集之间的 Chamfer 距离,或最小化网络输出 TSDF 与真值 TSDF 之间的 ℓ_1 距离。然而,这种方式存在着两个主要的局限:第一,这类方法需要给定附加的代价函数对应的真值,对于非显式模型 (如栅格占用模型、TSDF) 来说其真值通常难以获得,例如,在实际场景中观测的点云往往有噪声并且不完整,并且仅给定点云时无法直接区分物体内外表面,因此难以直接计算准确的栅格占用模型或 TSDF;第二,这类方法优化的是定义在一个中间表示的附加代价函数,并且需要通过后处理手段得到物体的三维网格模型,因此无法直接约束其估计的三维网格模型的特性,也就是说无法通过加入正则项的方式约束三维网格模型。

本章提出深度移动立方体算法网络 (deep marching cubes, DMC),要求深度神经网络直接输出三维网格模型。受 MC 算法的启发,本章通过端到端的方式生成物体的三角形网格模型。这种端到端的估计形式避免了定义附加的代价函数,而是通过最小化三角形网格模型与观测数据之间的距离来训练网络。更重要的是,在这个模型的基础上,物体几何模型的先验知识可以通过正则项的方式加入到网络中,从而约束网络在多个可行解中选择符合预期的解。另外,本章提出的 DMC 还可以直接根据观测值给出物体内外表面的判断。

显式表示模型通常通过点与面的合集表示物体的形状,而非显式模型可以看成二维栅格图像在三维空间的直接扩展,因此 3D 深度学习中基于非显式表示模型的算法在实现上更为方便且应用更为广泛,而关于显式模型的探讨相对来说还较为少见。在关于显式模型的 3D 深度学习中,大部分方法都是以非显式模型作为网络输入对其进行分类或分割[196-198],因此他们都要求 3D 显式模型是已知且不变的,而本章的侧重点是从观测数据中生成一个显式模型。基于深度学习的显式模型生成在前人的研究中鲜有探讨,而仅有的少数方法所生成的 3D 模型在灵活性上也具有较大局限。具体来说,Rezende 等[17] 提出估计少量顶点坐标,顶点之间的连接面已经提前定义好并且是固定的,并且每个顶点都有一个预先定义好的移动轴,所以该方法只可以用于表示非常简单的形状,例如,他们在文章中考虑的球形、立方体以及圆柱体。Kong 等[199] 则提出首先对于物体找出一个最接近的 CAD 模型,然后对该 CAD 模型的顶点进行少量调整来接近输入数据,得到形变后的新模型,然而这一方法需要预先给定 CAD 模型库,模型的表达能力受限于 CAD 模型库的大小。

5.2 深度移动立方体算法

本节讨论如何从给定的原始观测 (如点云、体素模型或图像) 中估计一个显式物体表面模型 (如三维网格模型)，其目的是构造一个端到端的三维网格模型估计网络，即输入是原始观测，输出是三维网格模型，从输入到输出的运算都是可导的。为此，本节首先介绍 MC 算法[195]，然后说明直接将 MC 算法放入网络中会导致网络无法训练，并提出了一个与 MC 接近的变体 MC 算法，再将这一变体 MC 算法作为网络的最后一层放入深度神经网络中，从而使得端到端的三维网格模型学习成为可能。

5.2.1 移动立方体算法

移动立方体 (MC) 算法的目的是将一个非显式表面模型转换成显式表面模型——三角形网格模型，它包含两个步骤：估计拓扑结构，即确定三角形的数目以及每个三角形的连接形式；估计几何位置，即确定每个三角形的顶点位置。正式来说，令 $D \in \mathbb{R}^{N \times N \times N}$ 表示一个有向距离场 (signed distance field)，其中 N 表示每个维度上体素的个数。再令 $d_n \in \mathbb{R}$ 表示 D 中第 n 个元素，其中 $n = (i, j, k) \in \mathbb{N}^3$ 是一个向量形式的索引 (i, j, k 分别表示 D 三个维度上的索引)。由于 D 是一个有向距离场，所以 $|d_n|$ 表示体素 n 与其最近的表面之间的距离，d_n 的符号决定了体素 n 在物体内还是在物体外。此外，注意到 d_n 定义在体素的中心点，将所有体素的中心点相连，即可得到 D 的一个对偶表示，为了便于与**体素 (voxel)**区分，本章将这个对偶表示的基本单位命名为**体元**。本章假设体素与体元的边长均为 1，因此体素与体元之间存在一个 0.5 的偏移。图 5.2 中示意了体素与体元的区分。值得一提的是，MC 算法以及本章提出的 DMC 算法的运算都定义在体元的边和顶点上。

本章采用 $d_n > 0$ 表示 n 在物体之内，$d_n < 0$ 表示 n 在物体之外。因此，有向距离场 D 中值为零的等值面就表示了物体的表面。MC 算法的作用是将这个等值面表示成由许多三角形组成的三角形网格模型 M。具体来说，MC 算法遍历每个体元，根据体元上 8 个顶点的符号分布在体元中插入三角形，三角形数目可以是零个、一个或多个，遍历这个操作也是"移动"一词得名的由来。MC 的两个步骤具体如下。

5.2 深度移动立方体算法

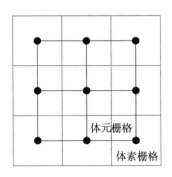

图 5.2　体素栅格与体元栅格示意图

图中外框表示的是体素栅格,因此每个体素中心的黑色圆点表示 d_n。连接黑色圆点的线段组成的内框表示的是与之对偶的体元栅格,因此 d_n 定义在每个体元的顶点上

1) 首先,根据体元的 8 个顶点上对应的 8 个 d_n 的符号决定该体元的拓扑构型 T,T 可以表示一个二元张量 $T \in \{0,1\}^{2\times2\times2}$,其中一个元素对应体元的一个顶点。一个体元的拓扑结构总共有 $2^8 = 256$ 种取值方式,根据这些拓扑构型的互补对称性以及旋转对称性,这 256 种构型可以简化成 15 种,如图 5.4(a) 所示。对于体元的任意一条边,如果这条边的两个顶点之间符号不同,那么这条边上就会生成一个三角形顶点。

2) 在确定三角形构型之后,下一步是计算三角形每个顶点的具体坐标。MC 假设当有向距离场密度较高时单个体元内函数值呈线性变化,因此三角形顶点的位置可以通过线性插值计算。令 $x \in [0,1]$ 表示三角形顶点 w 在体元的边 $e = (v, v')$ 上的相对位置,其中 v, v' 以及相应体元如图 5.3(a) 所示。具体来说,采用 $x = 0$ 表示 $w = v$,并且用 $x = 1$ 表示 $w = v'$。再令 $d \in \mathbb{R}$ 和 $d' \in \mathbb{R}$ 表示 v 和 v' 分别对应的有向距离值。MC 算法中,x 通过 d 与 d' 之间线性插值之后的值为 0 的位置决定,线性插值可用公式表示为 $f(x) = d + x(d' - d)$,因此 $f(x) = 0$ 则有 $x = d/(d - d')$,图 5.3(a) 示意了这一过程。

一个值得思考的问题是能否直接根据 MC 算法构造一个端到端预测三角形网格模型的神经网络。对于这个问题,直观的想法是构造一个输出有向距离场的神经网络,然后将 MC 算法作为网络的一层 (称为 MC 层) 将该有向距离场转换为三角形网格模型,然后定义代价函数为这个三角形网格模型与物体真实表面或点云之间的距离,并将这个代价函数反向传播经过 MC 层并训练整个网络。然而,这个想法是难以实现的,原因如下。

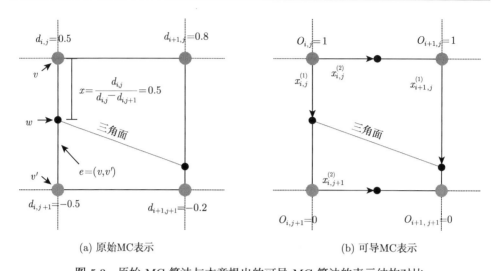

(a) 原始MC表示　　　　　　　(b) 可导MC表示

图 5.3　原始 MC 算法与本章提出的可导 MC 算法的表示结构对比

原始 MC 算法采用非显式表面表示，即通过有向距离场 D 来隐式地表示物体表面模型，而本章提出的可导 MC 算法通过占用栅格概率 O 以及节点位移 X 来显式地表示物体表面模型

- 首先，$x = d/(d - d')$ 在 $d = d'$ 时是奇异的，因此 x 无法在整个坐标上移动，它的移动固定在坐标轴上的某一半，这也导致了网络训练时无法在任意两种三角形构型之间切换。然而，如果只以点云作为真值或在物体部分网格模型是未知的情况下，网络需要在训练时去寻找最优的三角形构型，因此构型之间的切换也是必须的。

- 其次，每个体元内的观测只影响了当前体元的三角形构型与坐标位置，它们的梯度无法传播到距离物体表面较远的体元内，同样，在只以点云作为真值或在物体部分网格模型是未知的情况下，难以确定距离物体表面较远位置的体元取值。

为了解决上述问题，本章提出了一个可导的表示方法，具体来说，本章将三角形网格的拓扑结构与几何位置进行解耦并分别表示。相比于估计一个有向距离场，本章提出估计每个体素的占用概率，这个概率隐式地决定了每个体元的拓扑结构。此外，本章在每个体元的每条边上都估计一个顶点位置。结合隐式拓扑结构以及顶点位置即可得到一个三角形网格模型。由于这种解耦表示避免了线性插值操作，因此该表达方式是可导的，可用于反向传播算法训练。对于第二个问题，得益于这个可导模型的建立，可在占用概率与顶点位置上引入正则项进行约束，从而得到所有体元的合理取值。

值得一提的是，尽管本章估计的是占用概率，而不是有向距离场，本章估计的三角型网格模型仍然具有超体元的分辨率，这是因为每条边上都包含了一个可以在该条边上自由移动的顶点。与 MC 类似的是，本章提出的表示方法也可以用于具有任意拓扑结构的物体。

5.2.2 可导移动立方体层

本节通过公式正式地介绍本章提出的可导移动立方体层 (differentiable marching cubes layer, DMCL)。令 $\boldsymbol{n} = (i,j,k) \in \mathbb{N}^3$ 表示一个用于 3D 张量的向量索引，其中 $\boldsymbol{1} = (1,1,1)$ 表示这个张量的第一个元素。再令 $\boldsymbol{O} \in [0,1]^{N \times N \times N}$ 表示占用概率场，$\boldsymbol{X} \in [0,1]^{N \times N \times N}$ 表示顶点位移场，$\boldsymbol{O}$ 和 $\boldsymbol{X}$ 都是网络的输出 (具体网络结构见 5.2.3 节)。令 $o_{\boldsymbol{n}} \in [0,1]$ 表示 $\boldsymbol{O}$ 中的第 $\boldsymbol{n}$ 个元素，代表第 $\boldsymbol{n}$ 个体素被占用的概率，且有 $o = 1$ 表示体素被占用。类似地，令 $\boldsymbol{x_n} \in [0,1]^3$ 表示 $\boldsymbol{X}$ 中第 $\boldsymbol{n}$ 个元素，代表三角形顶点在体元的边上的位移。注意 $\boldsymbol{x_n}$ 是三维的，这是因为在三维空间中需要指定三个方向上的位移，如图 5.3(b) 所示。令 w 表示边 $e = (v, v')$ 上的一个三角形顶点，和之前一样，采用 $x = 0$ 表示 $w = v$ 且 $x = 1$ 表示 $w = v'$，即 w 根据 x 的取值而线性地在 v 与 v' 之间移动，而这里的 x 是直接由网络输出得到的。

关于拓扑结构，它可以通过网络输出的占用概率 $\boldsymbol{O}$ 计算得到。网络估计的 $o_{\boldsymbol{n}} \in [0,1]$ 可以作为以下所示的伯努利分布的参数：

$$p_{\boldsymbol{n}}(t) = (o_{\boldsymbol{n}})^t (1 - o_{\boldsymbol{n}})^{1-t} \tag{5.1}$$

其中 $t \in \{0,1\}$ 是随机变量，$p_{\boldsymbol{n}}(t)$ 表示体素 $\boldsymbol{n}$ 被占用 ($t=1$) 或不被占用 ($t=0$) 的概率。令 $\{o_{\boldsymbol{n}}, \cdots, o_{\boldsymbol{n}+\boldsymbol{1}}\}$ 表示 $2^3 = 8$ 个占用变量，分别对应于第 $\boldsymbol{n}$ 个体元的 8 个顶点，再令 $\boldsymbol{T} \in \{0,1\}^{2 \times 2 \times 2}$ 表示代表拓扑结构的二元随机张量，$\boldsymbol{T}$ 有 $2^8 = 256$ 种可取值。给定一个体元 $\boldsymbol{n}$，其拓扑结构的概率 $\boldsymbol{T}$ 是体元的 8 个顶点概率的乘积：

$$p_{\boldsymbol{n}}(\boldsymbol{T}) = \prod_{\boldsymbol{m} \in \{0,1\}^3} (o_{\boldsymbol{n}+\boldsymbol{m}})^{t_{\boldsymbol{m}}} (1 - o_{\boldsymbol{n}+\boldsymbol{m}})^{1-t_{\boldsymbol{m}}} \tag{5.2}$$

其中 $t_{\boldsymbol{m}} \in \{0,1\}$ 表示 $\boldsymbol{T}$ 的第 $\boldsymbol{m}$ 个元素，$p_{\boldsymbol{n}}(\boldsymbol{T})$ 表示了体元内所有三角形构型的概率分布。联合三角形顶点位移 $\boldsymbol{X}$ 之后，$p_{\boldsymbol{n}}(\boldsymbol{T})$ 实际上估计了体元内所有可能的三角形构型及位置的分布。将该概率表示从一个体元扩展到整个栅格中的所有体元，即可得到如下的三角形网格模型概率分布：

$$p(\{\boldsymbol{T_n}|\boldsymbol{n} \in \mathcal{T}\}) = \prod_{\boldsymbol{n} \in \mathcal{T}} p_{\boldsymbol{n}}(\boldsymbol{T_n}) \tag{5.3}$$

其中 $\mathcal{T} = \{1, \cdots, N-1\}^3$。

值得一提的是，尽管每个体元内所有三角形构型的类别共有 256 种，但它们中有许多包含不相连的三角形。当栅格化模型的分辨率足够高时这些构型在实际中十分少见，因此本章只考虑其中 140 种三角形之间互相有连接的构型，如图 5.4(a) 中高亮的部分所示。为此式 (5.2) 中的概率分布需要重新进行归一化，使得这 140 种构型的概率之和为 1。由于后文中将会在二维上验证本方法的可行性，因此图 5.4(b) 中也给出了二维上的构型示意。

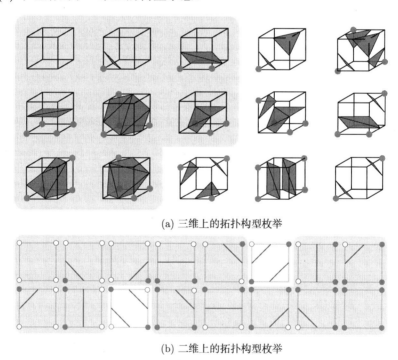

(a) 三维上的拓扑构型枚举

(b) 二维上的拓扑构型枚举

图 5.4 拓扑构型示意图

在二维上共有 $2^4 = 16$ 种可能的拓扑构型，三维上共有 $2^8 = 256$ 种拓扑构型，考虑到拓扑构型的互补对称性以及旋转对称性，这 256 种构型可以简化成 15 种。本章只考虑图中高亮的构型，即二维上只包含一条线段或三维上只包含连续三角形的构型

5.2.3 网络结构

本节介绍本章提出的完整的移动立方体网络，其中 5.2.2 节介绍的可导移动立方体层 (DMCL) 将作为网络最末一层输出三角形网格模型。如图 5.5 所示，深度移动立方体网络采用编码器–解码器结构①，其中编码器从原始输入中提取特征，而解码器输出三角形网格模型。需要注意的是，本章的主要贡献在于解码器中三角形网格模型的直接估计，而编码器可根据输入数据的不同而随意切换。本章考虑了两种输入：无序点云以及二元栅格占用场。对于栅格占用场，它的编码器就是由多个三维卷积、池化等普通的三维卷积网络操作组成。因此本节主要对以无序点云 $P \in \mathbb{R}^{K \times 3}$ 为输入的编码器进行介绍，其中 K 表示点云中点的个数。

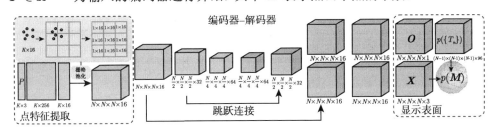

图 5.5 网络框架图

输入点云 P 首先经过栅格池化层，被转换成一个栅格结构的表示。如图中输入部分中浅灰色阴影部分所示，栅格池化层的输入为 K 个点对应的维度 $D = 16$ 的特征表示，通过对落在每个体元中的点特征进行最大池化操作则得到一个长度为 16 的一维向量。如果体元为空，则对该体元指定一个长度为 16 的 $\mathbf{0}$ 向量。栅格池化后的特征被输入到一个具有编码器–解码器结构的网络中，且编码器和解码器之间含有用于保持输入中的细节信息的跳跃连接。解码器在末端被分解为两个分支，其一是栅格占用概率 O，其二是节点位移 X，它们组合在一起便定义了三维网格模型的分布 $p(M)$

本章采用的点云编码器类似于 PointNet++[200]，可以学习一个与点云顺序无关但又保留了点云局部信息的特征。与 PointNet++ 一致，网络首先通过全连接层对每个点学习一个独立的特征，之后，PointNet++ 迭代地将近邻点的特征通过池化的方式组合起来，而本章的点云编码器则将落在同一个体素中的所有点的特征进行池化，将其作为该体素的特征，因此本章的方法更好地与体素结构耦合在一起。这种方法也保留了 PointNet++ 中特征不受点云顺序影响的优点，因为池化操

---

① 不同于第 2 章中编码器与解码器特征自编码器的一个非线性层，本章中编码器和解码器指网络中的一部分，可包含多个非线性层。

作本身与输入顺序无关。本章将这个操作命名为栅格池化 (grid pooling)。栅格池化之后即可获得一个栅格结构的特征表示。图 5.5 中左侧的高亮部分示意了本章的栅格池化操作，注意如果一个体素中不包含任何点，那么这个栅格将表示为一个 **0** 向量，其长度与其他非 **0** 向量相等。

经过栅格池化后，即可采用标准的三维卷积网络操作对该栅格化特征表示进行进一步编码与解码。具体来说，参照常用的三维卷积网络结构[109, 201]，本章采用了卷积、池化、上池化 (unpooling) 以及 ReLU 非线性操作，并且在对应的池化与上池化层之间加入了跳跃连接。解码器的末端被分成了两个分支，一个用于估计占用概率 O，另一个用于估计节点位移 X。注意到 O 和 X 上都加入了 Sigmoid 函数，从而保证概率值和位移值都合理地位于 0 和 1 之间。得到输出 O 后即可基于式 (5.3) 从 O 计算出 T，最后可以结合 T 和 X 而直接得到三角形网格模型，如图 5.5 所示。

5.3 正则化深度移动立方体网络

本章直接采用点云训练图 5.5 所示的 DMC 网络，避免了预先计算物体的三维网格模型作为真值。具体来说，网络训练的目标是最小化点云与网络估计的三维网格模型 M 之间的距离。由于 DMC 估计了每个体元中所有网格形状的概率分布，因此代价函数实际上是最小化点云与所有网格形状之间距离的期望。显然，三维网格模型估计问题也是病态的，可能存在无数个网格模型满足期望距离为 0 的条件，因此一个直观的想法是基于先验知识约束占用变量以及三维网格模型的平滑性，从而缩小网络的解集，使其收敛到一组理想解。得益于 DMC 端到端的网格模型估计，这一想法可以通过直接在占用变量 O 以及节点位移 X 上加入正则项来实现，由于这种约束方式直接约束了估计模型的几何特性，因此称为"几何正则"。本章的代价函数由四部分组成，表示如下：

$$\mathcal{L}(\boldsymbol{\theta}) = w_1 \sum_{\boldsymbol{n}} \mathcal{L}_{\boldsymbol{n}}^{\text{mesh}}(\boldsymbol{\theta}) w_2 \mathcal{L}^{\text{occ}}(\boldsymbol{\theta}) \\ + w_3 \sum_{\boldsymbol{n}\sim\boldsymbol{m}} \mathcal{L}_{\boldsymbol{n},\boldsymbol{m}}^{\text{smooth}}(\boldsymbol{\theta}) + w_4 \sum_{\boldsymbol{n}\sim\boldsymbol{m}} \mathcal{L}_{\boldsymbol{n},\boldsymbol{m}}^{\text{curve}}(\boldsymbol{\theta}) \tag{5.4}$$

其中 $\boldsymbol{\theta}$ 表示图 5.5 中所示网络的参数，$\{w_i\}$ 表示各项代价函数的权重，$\boldsymbol{n}\sim\boldsymbol{m}$ 表示栅格中任意两个相邻的体元。接下来将具体介绍其中的每一项代价函数。

5.3.1 点到物体表面距离

首先介绍表示估计的三维网格模型与点云之间的兼容性的几何误差。令 Y 表示一组 3D 点 (即真值)，并令 $Y_n \subseteq Y$ 表示落在第 n 个体元内的点集。由于 DMC 估计的是每个体元 n 中拓扑结构 $p_n(T)$ 的分布，也就是三角形网格的分布，因此需要最小化关于这一分布的期望误差，可以用公式表示如下：

$$\mathcal{L}_n^{\mathrm{mesh}}(\boldsymbol{\theta}) = \mathbb{E}_{p_n(T|\boldsymbol{\theta})}\left[\sum_{y \in Y_n} \Delta(M_n(T, X(\boldsymbol{\theta})), y)\right] \tag{5.5}$$

其中 $y \in \mathbb{R}^3$ 表示一个 3D 点，$M_n(T, X)$ 表示体元 n 中由拓扑结构 T 以及顶点位移场 X 推导而出的网格，$\Delta(M, y)$ 表示点到网格的距离，即点到物体表面的距离。具体来说，点到网格的距离指的是点 y 到体元中三角形的 ℓ_2 距离，如果体元中存在多个三角形，则取最近的三角形计算 ℓ_2 距离。不同于定义在非显式表面如 TSDF 上的代价函数，式 (5.5) 中的代价函数直接最小化的是估计表面的几何误差。

最小化式 (5.5) 保证了 DMC 所估计的网格模型可以覆盖所有的观测，但反之则不成立，即远离观测的网格模型估计没有受到约束。然而，在本章所考虑的真值点有可能有缺失的情况下，难以直接约束远离观测点的体元。得益于 DMC 的端到端结构，本章可以直接在输出 O 以及 X 上引入正则项，通过先验知识引导网络采用一个理想的网格模型来表示物体。具体来说，本章引入了关于占用概率先验知识、模型复杂度以及模型平滑性的正则。

5.3.2 占用概率先验正则

仅给定一组杂乱无结构的 3D 点时，模型的占用情况实际上是有二义性的，也就是说一个几何结构相同的三维网格模型实际上可以由两种互为对偶的占用概率生成，这里的对偶表示两个占用概率场的 0 和 1 互相翻转。这两种占用概率分别表示了物体内表面和外表面的两种情况，在没有提供更多信息而仅考虑式 (5.5) 中点到物体表面距离的情况下，这两种取值方式都是可以接受的。

为了克服占用概率的二义性，本章提出以先验知识对占用概率进行正则化约束。首先，在实际情况中通常认为可以直接观测到的是物体的外表面，也就是说物体外围是存在一些不被占用的节点的，因此可以假设位于栅格最外围 6 个面上的体素都是不被占用的。其次，先验知识也表明在场景中存在物体的情况下一定有部分体素是被占用的。关于被占用体素的先验知识，一个最简单的假设就是位于整个栅格最中心的体素是被占用的，然而对于某些物体来说这个假设并不一定成立。因此，本章放宽这个假设，只约束栅格中有一部分体素是被占用的，而不固定这些被约束栅格的位置。具体来说，本章的占用概率先验正则项可以用公式表示如下：

$$\mathcal{L}^{\mathrm{occ}}(\boldsymbol{\theta}) = \frac{1}{|\Gamma|} \sum_{\boldsymbol{n} \in \Gamma} o_{\boldsymbol{n}}^*(\boldsymbol{\theta}) - \max_{\boldsymbol{n} \in \Omega} o_{\boldsymbol{n}}^*(\boldsymbol{\theta}) \quad (5.6)$$

其中 Γ 表示栅格最外围 6 个面上的所有体素，Ω 表示栅格中的一个包含了若干体素的子立方体。最小化式 (5.6) 中的第一项鼓励栅格最外围的体素都趋于 0，即趋于非占用状态；而最小化第二项则估计场景中一个区域趋于 1，即趋于被占用，在 $\max(\cdot)$ 操作的作用下，这个被正则的区域是灵活可变的。

此外，式 (5.6) 中的星号表示式中的所有操作都是针对 O^* 进行的，O^* 表示对 O 进行高斯滤波得到的结果，其数值相比于 O 来说更加平滑，因为每个 $o_{\boldsymbol{n}}^*$ 都是对以 $o_{\boldsymbol{n}}$ 中心的一个小立方体进行平滑的线性加权得到的。因此，在梯度反向传播时，式 (5.6) 会平滑地影响到 O 中更多的元素，有利于训练的稳定。

5.3.3 网格模型复杂度正则

可以注意到，$\mathcal{L}^{\mathrm{mesh}}$ 和 $\mathcal{L}^{\mathrm{occ}}$ 都只对单个体素进行约束，而没有考虑近邻体素之间的相关性，本节考虑的是近邻体素之间的正则项。实际上，由于体素占用与非占用状态的转换仅发生在物体表面，在所有体素中只占很小的比例，因此可以假设大部分近邻体素之间是具有相同的占用状态的，即同为占用或同为非占用。这个先验知识可以表示为如下正则项：

$$\mathcal{L}_{\boldsymbol{n},\boldsymbol{m}}^{\mathrm{smooth}} = |o_{\boldsymbol{n}}(\boldsymbol{\theta}) - o_{\boldsymbol{m}}(\boldsymbol{\theta})| \quad (5.7)$$

在这个先验知识的约束下，体素之间占用与非占用转换的次数会得到约束，也就是说该正则项要求网络用一个尽可能简洁的网格模型来表示给定的观测，即约束了网格模型的复杂度。另外，这个近邻体素之间的正则项有助于将 $\mathcal{L}^{\mathrm{occ}}$ 中关于单个体素的占用概率先验知识传播到所有体素中，从而避免了在无观测的地方没有梯度的问题。

5.3.4 网格模型曲率正则

5.3.3 节约束了占用概率之间的平滑性，而得益于 DMC 端到端形式的三维网格模型估计，本节将给出直接约束网格模型的平滑性的正则项。在输入数据稀疏且有噪声时,这个平滑性的约束格外重要。具体来说,平滑性的正则通过约束网格模型中相连三角形之间的法向量尽可能接近实现,也就是约束模型表面的曲率。由于DMC估计的是每个体元中网格的概率分布,因此该正则项最小化的也是相邻体元的相邻三角形之间的期望法向量距离:

$$\mathcal{L}_{n,m}^{\text{curve}}(\boldsymbol{\theta}) = \mathbb{E}_{p_{n,m}(\boldsymbol{T},\boldsymbol{T}'|\boldsymbol{\theta})} \left[\varphi_{n,m}(\boldsymbol{T},\boldsymbol{T}',\boldsymbol{X}(\boldsymbol{\theta})) \right] \tag{5.8}$$

其中,$p_{n,m}(\boldsymbol{T},\boldsymbol{T}'|\boldsymbol{\theta}) = p_n(\boldsymbol{T}|\boldsymbol{\theta})p_m(\boldsymbol{T}'|\boldsymbol{\theta})$ 是两个相邻体元 n 和 m 的拓扑结构的联合概率分布。$\varphi_{n,m}(\cdot)$ 计算了分别来自 n 与 m 的任意两个相连三角形法向量之间的 ℓ_2 距离,对于没有通过一条共享的边相连的两个三角形,$\varphi_{n,m}(\cdot)$ 输出为 0。

5.4 实验结果

本节首先通过在 2D 上的实验验证本章提出的深度移动立方体网络以及正则项的有效性,然后分别从点云输入以及二元占用栅格模型作为输入来重构三维网格模型,并通过实验对比说明本章方法的优势。

5.4.1 模型及正则项验证

为了方便可视化,本节首先在 2D 上进行验证实验。MC 算法的思路可以等同地运用于 2D,称为移动方格算法 (marching squares),相应的,DMC 也可以方便地应用于 2D,称为深度移动方格网络 (deep marching squares)。在 2D 上最大的区别是拓扑结构数量的变化,每个方格可取 $2^4 = 16$ 种构型,如图 5.4(b) 所示,同样的,本章只考虑其中 14 种只包含了一条直线的构型。本章构造了一组表示物体轮廓的 2D 数据集,即投影 ShapeNet[189] 中 1547 辆汽车的 3D 模型到 2D,并提取出 2D 投影的轮廓边缘,然后在该轮廓边缘上随机取 300 个 2D 点作为网络输入。这 1547 辆汽车样本被划分为 1237 个训练样本以及 310 个测试样本。在所有 2D 实验中,本节设定 $N = 32$ 并在分辨率 $N \times N$ 的栅格上进行实验。

关于评价指标,本章参考三维重构中的常用指标[202] 衡量实际三维网格模型 $\boldsymbol{M}^*$ 与网络估计三维网格模型 $\boldsymbol{M}$ 之间的距离,准确来说,分别在两个三维网格模型表面上随机采样 K 个点,并将这两个点集分别表示成 $\boldsymbol{P}^*$ 和 $\boldsymbol{P}$,则本章的评价指标分别如下。

- **准确度**(accuracy) 衡量估计网格模型 M 上的随机采样点到真值模型 M^* 的平均距离，用公式表示如下：

$$d_{\mathrm{acc}} = \frac{1}{K} \sum_{p \in \boldsymbol{P}} \min_{p^* \in \boldsymbol{P}^*} \|p - p^*\|^2 \tag{5.9}$$

- **完整度**(completeness) 衡量真值模型 M^* 上的随机采样点到估计网格模型 M 的距离，用公式表示如下：

$$d_{\mathrm{comp}} = \frac{1}{K} \sum_{p^* \in \boldsymbol{P}^*} \min_{p \in \boldsymbol{P}} \|p^* - p\|^2 \tag{5.10}$$

- **Chamfer 距离**(chamfer distance) 综合考虑了准确度与完整度，因此是上述两个距离的平均：

$$d_{\mathrm{chamfer}} = \frac{1}{2}(d_{\mathrm{acc}} + d_{\mathrm{comp}}) \tag{5.11}$$

由以上分析可见，对于本章考虑的三个评价指标来说，数值越小说明算法性能越好。

1. **正则项验证**

图 5.6 和表 5.1 验证了代价函数中每一个正则项的有效性。图、表中分别对应着从 $\mathcal{L}^{\mathrm{mesh}}$ 开始，依次加入占用概率先验正则项 $\mathcal{L}^{\mathrm{occ}}$，网格模型复杂度正则项 $\mathcal{L}^{\mathrm{smooth}}$ 以及网格模型曲率正则项 $\mathcal{L}^{\mathrm{curve}}$ 进行训练的结果。除了前面提到的三个距离评价指标外，本实验还评估了实际占用概率与估计占用概率之间的 Hamming 距离 d_{Hamming}，即两个等长向量之间不等元素个数所占的比例，来衡量估计的物体内外表面的正确性。在只有 $\mathcal{L}^{\mathrm{mesh}}$ 时，如图 5.6(a) 所示，网络在真实物体轮廓附近估计了多重轮廓，而且无法正确估计栅格占用情况，相应的，表 5.1 中对应行的 Hamming 距离数值很高。占用概率先验正则项 $\mathcal{L}^{\mathrm{occ}}$ 的引入有效地引导网络区分了物体的内表面和外表面，然而图 5.6(b) 中可以看到汽车底部仍然存在多余的物体轮廓。图 5.6(c) 说明加入 $\mathcal{L}^{\mathrm{smooth}}$ 约束了估计模型的复杂度之后，这些额外的轮廓得以滤除，网络估计了正确而简洁的物体轮廓。在此之上，网格模型曲率正则项 $\mathcal{L}^{\mathrm{curve}}$ 的引入进一步提升了该轮廓的平滑性，如图 5.6(d) 所示，表 5.1 中也说明平滑性正则在提升平滑性的同时并没有对距离评价指标以及栅格占用情况造成不良影响。因此，本章接下来的实验中均采用包含了所有正则项的代价函数。

5.4 实验结果

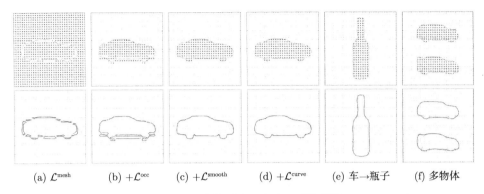

(a) $\mathcal{L}^{\text{mesh}}$ (b) $+\mathcal{L}^{\text{occ}}$ (c) $+\mathcal{L}^{\text{smooth}}$ (d) $+\mathcal{L}^{\text{curve}}$ (e) 车→瓶子   (f) 多物体

图 5.6 二维模型验证实验 (后附彩图)

(a)~(d) 给出了同一个测试样本上逐步增加正则项训练网络所得的结果。(e) 和 (f) 展示了本章的方法对于新类别的物体以及更复杂的物体表面结构都具有良好的泛化性能，具体来说，(e) 中给出的是在汽车上训练而在瓶子上测试的结果，(f) 给出的是在整体栅格中包含两辆不相连车辆的结果。图中灰色点表示的是输入的离散点，上排图中红色点代表 O，即栅格占用状态，下排中红色线段给出了本章方法估计的边缘轮廓 M

表 5.1 模型验证实验结果对比

	d_{chamfer}	d_{acc}	d_{comp}	d_{Hamming}
$\mathcal{L}^{\text{mesh}}$	0.339	0.388	0.289	83.69%
$+\mathcal{L}^{\text{occ}}$	0.357	0.429	0.285	4.67%
$+\mathcal{L}^{\text{smooth}}$	0.240	0.224	0.255	0.56%
$+\mathcal{L}^{\text{curve}}$	0.245	0.219	0.272	0.53%

2. 模型通用性验证

为了说明本章方法的灵活性，图 5.6(e) 给出了将在"汽车"上训练的网络用于"瓶子"的轮廓估计，图中结果表示即使是对于未见过的新物体类别，网络也具有良好的泛化能力。图 5.6(f) 中考虑了场景中具有多个不相连物体的情况，此时网络在该多物体数据集上进行训练和测试，图中结果表示除了给出正确的物体轮廓估计之外，本方法也分别正确地估计了两辆汽车的栅格占用情况，这验证了式 (5.6) 中提出的先验正则项的灵活性。

3. 模型鲁棒性验证

在实际任务中，受传感器误差以及物体遮挡的印象，观测到的 3D 点云往往是有噪声且不完整的。本节验证在仅有有噪声以及不完整的点云作为观测及真值时，本章方法仍然可以有效地学习物体的表面模型。值得一提的是，真值本身的不准确使得问题具有很大的难度，并且在以往的深度学习 3D 重构算法中是鲜有考虑的，因为基于非显式模型和基于点云的算法往往都假设有准确且稠密的真值用于网络的训练[16, 108, 110]。表 5.2 评估了在点云具有不同程度噪声的情况下网络的性能，具体来说，表中每一行分别对应着在无噪声的点云上随机加入均值为 0，方差为 σ 的高斯随机噪声，σ 的数值以方格的边长 1 为参考。由表可见，在 σ 较小时，即使观测与真值中引入了噪声，本章方法仍然能够实现与无噪声时同样的性能；随着 σ 的增大，结果性能随之受到一定影响，但仍然对物体轮廓进行了较为准确的描述。图 5.7 中第一行给出了在以噪声方差 $\sigma = 0.30$ 的点云训练网络后，网络在测试点云上的轮廓估计结果。从图中可见，即使在有明显噪声的情况下本章方法也可以给出合理的轮廓估计。表 5.3 评估了观测不完整性对于网络性能的影响，其中不完整观测数据是以栅格中心点为圆心，随机抹去圆中角度为 θ 的扇形内的所有观测点而生成的，为了更贴合实际情况，所有观测点上也随机加入了 $\sigma = 0.15$ 的高斯噪声。类似地，本章方法对于有噪声且不完整的观测也具有一定程度的鲁棒性，即使是缺失了 $\theta = 45°$ 的观测时也能对物体进行合理的重构，如图 5.7 中第二行所示。由图可见，尽管只有不完整观测作为真值和输入，但本章方法也可以基本上正确地估计出一个合理的轮廓，更值得一提的是，即使点云不封闭时此方法也可以估计出相对正确的占用栅格概率。

表 5.2　针对噪声真值的鲁棒性评估

	d_{chamfer}	d_{acc}	d_{comp}
$\sigma = 0.00$	0.245	0.219	0.272
$\sigma = 0.15$	0.246	0.219	0.273
$\sigma = 0.30$	0.296	0.267	0.325

表 5.3　针对不完整真值的鲁棒性评估 ($\sigma = 0.15$)

	d_{chamfer}	d_{acc}	d_{comp}
$\theta = 15°$	0.234	0.210	0.257
$\theta = 30°$	0.250	0.227	0.273
$\theta = 45°$	0.308	0.261	0.354

5.4 实验结果

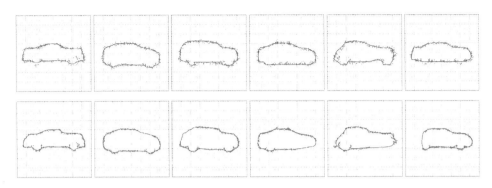

图 5.7 鲁棒性评估样例

图中第一行给出的是表 5.2 中 $\sigma = 0.30$ 时对应的重构物体轮廓,第二行给出的是表 5.3 中 $\theta = 45°$,$\sigma = 0.15$ 时对应的重构物体轮廓,而同一列对应的是同一个测试样本。从第一列到第五列可见,本章方法对于有噪声以及不完整的真值都具有一定鲁棒性。最后一列的结果也说明此方法在缺失信息过多时也无法给出完整的估计,尽管如此,本章方法仍然在不封闭的一组点集上估计出了一个封闭的形状,所以图中车辆右侧部分的占用栅格估计仍然是正确的

5.4.2 基于点云的三维物体重构

本节验证本章提出的支持嵌入几何先验知识、端到端学习物体显式表面模型的深度移动立方体网络的有效性。为此,本节分别与经典的物体表面重构方法泊松重构[193] 以及学习非显式表面模型的方法进行比较,后者被广泛应用于 3D 深度学习中 [16,17,203-205]。具体来说,本节比较的方法如下。

- **sPSR** 屏蔽泊松重构 (screened Poisson surface reconstruction, sPSR)[193] 的作用是从给定的一组离散三维点中生成三维网格模型。简单来说,泊松重构首先定义多个分段函数,使得分段函数在物体内部的值大于 0,而在物体外部的值小于 0,因此通过提取值为 0 的等值面就得到了物体表面,sPSR 则是原始泊松重构的一个优化算法,是一种知名的传统物体表面模型重构方法。本章直接采用 sPSR 的默认参数进行重构①,sPSR 要求的输入为点云以及每个点对应的有向法向量,为此,本章采用 Meshlab② 从点云估计法向量。另外,由于 sPSR 默认的分辨率为 256^3,本章同样在与 DMC 相同的分辨率 32^3 上评估了 sPSR 的重构性能。

- **Occupancy + MC** 为了体现本章提出的可导移动立方体层 DMCL 的有效性,本章考虑将其替换为估计二元占用栅格模型 (binary occupancy grid model)

---

① https://github.com/mkazhdan/PoissonRecon。
② http://www.meshlab.net。

的对比方法，再采用原始的移动立方体 (MC) 算法将其转换为三维网格模型。为公平起见，图 5.5 中网络的编码器部分保持不变，且二元占用栅格模型的分辨率与 DMC 所用的一致，均为 32^3。需要指出的是，该网络的训练需要提供二元占用栅格模型的真值，网络的代价函数为二元交叉熵 (binary cross entropy)。

• **TSDF + MC**　前一种方法的分辨率受限于占用栅格的二元状态，而 TSDF 的表示形式避免了这一问题。因此本章也考虑了将二元占用栅格模型的估计替换成 TSDF 估计作为一个对比方法，同样，网络的其他结构保持不变。TSDF 的训练中考虑了两种代价函数，第一种是直接最小化真值 TSDF 与估计 TSDF 之间的平均 ℓ_1 距离，第二种是最小化真值 TSDF 与估计 TSDF 之间的加权 ℓ_1 距离，即在接近物体表面的位置上施加更大的惩罚，这种加权代价函数训练得到的输出标记为 wTSDF。

本节的实验直接基于 ShapeNet 提供的 3D 模型展开。具体来说，本节构造了一个混合了三类物体的 3D 数据集，这三类物体分别是汽车、沙发和瓶子。由于 ShapeNet 中的 3D 模型包含了一些物体的内部结构 (如汽车座椅)，而本章关注的是物体表面模型，所以有必要从原始 ShapeNet 模型中生成一个不包含物体内部结构的表面模型，来作为各类方法训练或对比所需的真实表面模型。为此，本章先将模型在不同视角下投影成深度图，然后再通过运用分辨率为 128^3 的多视角 TSDF 融合算法[206] 得到一个高分辨率的物体表面模型及占用栅格模型的真值。所有对比方法的输入均为在这个准确且高分辨率的表面模型上随机采样的 3000 个点，并加上方差 $\sigma = 0.15$ 的高斯随机噪声。值得注意的是，另外两个基于深度学习的对比方法都需要非显式模型真值作为训练数据，而 DMC 只需以无噪声的随机点作为真值进行训练。

表 5.4 中给出了不同方法的重构结果比较，表中使用与 5.4.1 节中同样的评价指标，且各个方法产生的网格模型都与在高分辨率 128^3 下计算的实际网格模型进行比较。如表格所示，在相同的分辨率下，本章方法在三个距离指标上均优于所有的对比方法，充分说明了本章端到端估计网格模型的优势，而且此方法只要求以点云作为监督训练网络。甚至对于分辨率为 256^3 的 sPSR，本章方法也在准确度 $d_{\rm acc}$ 上更具优势，而只是在完整度上表现略差。

图 5.8 中对结果进行了定性分析，可见本章方法可以给出具有超体素分辨率的网格模型。首先对比本章方法与基于非显式表示的两类参考方法 (Occ.+MC 和

5.4 实验结果

TSDF+MC),可见在同样的分辨率上,本章方法显然更好地保存了物体的局部细节 (如第 1~4 行的车轮) 以及纤细结构 (如第 6 行与第 8 行中的沙发靠背),这是因为基于非显式表示的学习方法需要对真值也进行离散化,即它们要求以离散化的二元占用栅格或 TSDF 进行训练,而在生成这些离散化真值时由于分辨率的局限部分信息也会丢失,相比之下,本章方法可以直接采用点云进行训练,不会在离散化时丢失信息;另外,基于非显式表示的方法在真实网格模型不封闭 (如第 4 行中汽车的底部是缺失的) 或存在破洞 (如第 2 行中汽车车窗缺失) 时无法给出合理的估计,此时用于训练的非显式真值中也有一部分信息是错误的,即一些实际上未被占用的体素被标记成了非占用状态,而基于这些不正确的信息,非显式表示学习方法无法给出合理的估计。相比之下,本章方法以点云为指导,因此即使作为真值的占用栅格本身存在误差,也不会受到影响。

表 5.4 基于点云的三维物体重构对比

分辨率	方法	d_{chamfer}	d_{acc}	d_{comp}
32^3	sPSR-5	0.352	0.405	0.298
	Occ. + MC	0.407	0.246	0.567
	TSDF + MC	0.412	0.236	0.588
	wTSDF + MC	0.354	0.219	0.489
	本章方法	**0.218**	**0.182**	**0.254**
256^3	sPSR-8	0.198	0.196	0.200

关于和 sPSR 的比较,尽管在远高于本章方法的分辨率下,PSR-8 在 d_{comp} 上表现更优,但是它对噪声的鲁棒程度却不如本章方法,相比之下,PSR-5 对噪声更加鲁棒但重构的表面模型精确度更差,因此,本章方法更好地权衡了表面重构精度以及对噪声的鲁棒性。更重要的是,sPSR 会给出内外表面相反的估计 (第 3+4+6+8+9+11 行),这是因为 sPSR 的内外表面决策是根据输入的点云法向量方向来决定的,而从一个稀疏无结构点云估计正确的法向量方向本身就十分具有挑战性,本章对比了几种公开的法向量估计方法并选取了其中表现最优的一种,然而它仍然存在法向量符号方向错误的问题。在纤细结构或不完整点云上,相反的内外表面估计对 sPSR 的性能影响更加严重,会导致 sPSR 的估计出现膨胀效果 (第 6+9 行)。对于过于纤细的物体,sPSR 甚至会给出一个开放式的物体表面估计 (第 8+10 行)。相比之下,本章提出的基于学习的三维重构方法并不要求额外估计法向量,而可以直接从输入的稀疏无结构化点云估计出正确的物体内外表面。

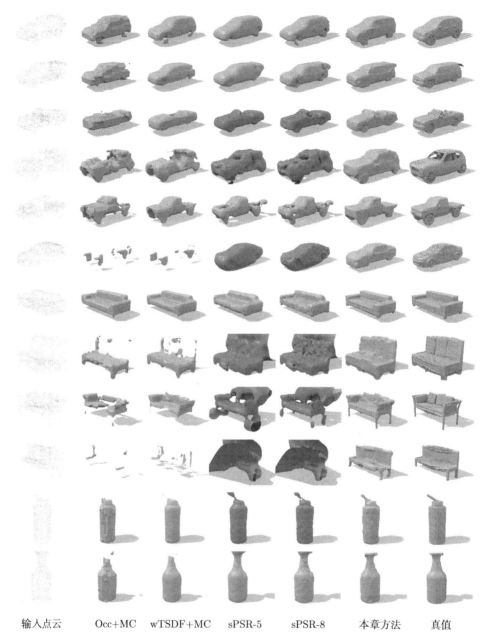

输入点云　Occ+MC　wTSDF+MC　sPSR-5　sPSR-8　本章方法　真值

图 5.8　基于点云输入的三维网格模型估计结果示例

图中颜色区分了物体的内外表面，其中浅灰色表示外表面，深灰色表示内表面，可见 sPSR 无法正确地估计物体内外表面

5.4.3 基于体素模型的三维物体重构

前面提到,本章的主要贡献在于解码器的设计,而编码器及输入的选择是灵活的。本节以二元占用栅格作为输入来验证这一观点,即本章的目标是从给定的二元占用栅格中重构物体三维网格模型。这个问题可以直接采用 MC 算法解决,然而由于占用栅格的数值是二元的,MC 算法只能提取出分辨率为体素边长的网格模型。相比之下,本章提出的 DMC 可利用无分辨率损失的点云作为真值进行训练,从而学习具有超体素分辨率的网格模型。具体来说,本实验将基于点云的编码器替换成一个常规的基于三维栅格输入的编码器,并对于所有对比方法采用与 5.4.2 节相同的真值进行训练,即采用非显式模型训练 Occupancy 以及 TSDF,而采用点云训练本章的 DMC。由于 sPSR 并不支持从占用栅格到网格模型的重构,因此在本节对比中不予考虑。另外,5.4.2 节图 5.8 中提到某些物体的占用栅格真值也是不正确的,因此本实验中剔除了这些占用真值严重不准确的样本,即滤除了所有被占用体素比例低于 2% 的样本。

表 5.5 给出了各方法的定量比较结果,相应的,图 5.9 给出了各方法的定性比较。首先可以看到,本章方法在 Chamfer 距离上表面最佳。相比于 Occupancy+MC,本章方法同时降低了准确度距离以及完整度距离,说明此方法有效地从二元的输入中学习到了如何进行超体素分辨率的重构,反之,TSDF 则是通过牺牲完整度距离而达到了准确度的提升。如图 5.9 所示,在输入中包含少量缺失信息的情况下,本章方法在训练用的真值点云的指导下也可以学习到完整的模型,例如,如何完善汽车车轮 (第 1~4 行) 以及填充缺失的车窗 (第 5~8 行)。即便是在输入中信息缺失更严重时,本章方法也可以从不完整的输入中估计一个较为完整的网格模型 (第 9~12 行)。

表 5.5　基于占用栅格的三维物体重构对比

	d_{chamfer}	d_{acc}	d_{comp}
Occupancy + MC	0.277	0.217	0.337
TSDF + MC	0.271	**0.191**	0.350
sTSDF + MC	0.276	0.200	0.352
本章方法	**0.265**	0.211	**0.318**

图 5.9 基于占用栅格输入的三维网格模型估计结果示例

5.5 本章小结

本章提出了可以直接端到端估计物体三维网格模型的深度移动立方体网络,并在此之上实现了直接对估计三维网格模型的正则化约束。该方法可拟合任意拓扑结构的三维网格模型,并且可以直接以点云作为真值进行训练,而不需要预先给定三维网格模型的真值或者是占用栅格的真值。实验验证了在输出上的正则化约束可以有效促使网络从无数个三维网格模型的可取解中取得令人满意的一组解,并同时估计物体的内外表面。通过与非学习的经典三维表面重构方法以及基于非显式模型的学习方法进行对比,说明了本章方法在重构物体细节、完整性上的显著优势。

由于本章所考虑的栅格分辨率仍然较低,所重构的物体模型细节仍然有所欠缺,在未来的工作中希望结合八叉树等节省存储空间的数据表示,来实现具有更高分辨率的端到端三维网格模型重构。另外,本章基于输出正则的思路也可以应用于前几章所探讨的语义分割、深度估计等任务中,例如,直接约束相邻像素之间的类别一致性,这也可以在未来工作中进一步探讨。

第6章 总结与展望

6.1 本书总结

深度学习在近年来人工智能的飞速发展中占据着重要的地位。本书针对深度学习中存在的病态问题，通过引入先验知识研究深度学习的多种正则化方法，达到了提升深度学习泛化能力的目的。考虑到机器人环境感知的问题多样、标注数据不足、先验知识丰富等特性，本书在一系列机器人环境感知问题上验证了正则化深度学习算法的有效性，研究了包括语义感知、距离感知以及模型感知在内的多方面问题。

本书各部分的主要研究内容和创新点总结如下。

- **第2章　关于隐层正则的图正则自编码器。** 以流形假设为先验知识提出针对隐层表示的图正则项，约束自编码器的隐层表示，保留输入样本在指定空间上的近邻关系，并通过理论验证了这一正则项实际上约束了隐层映射的雅可比矩阵的加权范数，因此有助于学习一个对于输入上的微小扰动具有鲁棒性的特征表示。图像上的聚类与分类任务验证了理论分析的结论，也说明了引入图正则项的优势。在此基础上将图正则项推广为广义图正则项，并将其应用于基于2D激光点云的场景分类任务，有效嵌入了机器人移动坐标点之间近邻关系的先验知识，并实现了领先的分类性能。

- **第3章　关于结构正则的语义正则网络。** 以多任务之间的相关性为先验知识，约束网络同时估计具有相关性的两个任务，即场景分类与语义分割，从而构成了在一定程度理解物体知识的基础上进行场景理解的语义正则网络，因此降低了场景理解任务的复杂度，提升了网络对于场景理解的泛化能力。实验表明该语义正则网络仅需要五千个训练样本便可以实现优于从二百万个训练样本中获得的泛化能力，实现了领先的场景分类性能，并且在语义理解任务上也有优秀表现。

- **第4章　关于结构正则的嵌套残差网络。** 针对从单目图像恢复深度估计问题的病态性，引入移动机器人常用的稀疏深度观测，并且提出了可以有效利用稀疏观测的嵌套残差网络，从而提升深度估计模型的泛化性能。室内外数据集上展开的实验验证了方法的有效性，并且分析了嵌套残差网络对于深度估计结果的具体影响，还说明了该方法在机器人避障等任务上的潜在应用。

- **第 5 章　关于输出正则的深度移动立方体网络**。针对从原始观测重构三维物体模型问题的病态性，提出了可以端到端进行训练、从原始输入直接输出三维网格模型的深度移动立方体算法，使得直接对三维网格模型进行正则成为可能。在模型平滑性以及占用状态先验下，针对直接估计的三维网格模型设计了具有鲁棒性的代价函数，可以从有噪声甚至是不完整的真值中学习到合理的物体重构。实验结果进一步说明了该方法相比于非学习的三维重构算法以及非端到端训练学习算法的优势。

6.2　未来工作展望

在理论层面上，未来工作中可以进一步深入探讨深度学习中正则化方法的一般框架，在这个一般框架下通过理论分析来说明正则化的实际影响，研究各种正则化方法相互之间的关系，从而对于各类应用问题的正则化方式给予指导，提升深度学习在各类应用问题中的泛化性能。

在应用层面上，未来工作中可对本书从以下几个方面进行扩展，扩大正则化方法在机器人环境感知问题中的影响。

- 本书在图正则自编码器中探讨了无监督学习作为有监督学习的帮助，这种基于无监督学习来初始化有监督任务参数的方式也可以看成是一种正则化方法。未来工作中可以继续沿用这一思路，通过如对抗学习等无监督手段从大量无标注的样本中学习模型的初始化参数。
- 本书分别探讨了定性语义感知任务与定量距离及结构感知任务，而定性与定量这两类感知任务之间也具有高度相关性，因此未来工作中可以设计同时考虑语义感知、距离感知以及结构感知的多任务学习方法，扩充结构正则网络模型。
- 移动机器人往往具有更多可利用的传感器，如声学传感器、触感传感器等，未来可以进一步利用这些传感器，开发端到端的学习框架，并在其中考虑基于正则项的正则化方法或基于网络结构的正则化方法。

参 考 文 献

[1] He K M, Zhang X Y, Ren S Q, et al. Delving deep into rectifiers: Surpassing human-level performance on imagenet classification[C]// Proceedings of the IEEE International Conference on Computer Vision, 2015: 1026–1034.

[2] Silver D, Huang A, Maddison C J, et al. Mastering the game of go with deep neural networks and tree search[J]. Nature, 2016, 529(7587): 484–489.

[3] Lecun Y, Bengio Y, Hinton G. Deep learning[J]. Nature, 2015, 521(7553): 436.

[4] Goodfellow I, Bengio Y, Courville A, et al. Deep Learning[M]. Ⅰ. Cambridge: The MIT Press, 2016.

[5] 孙志军, 薛磊, 许阳明, 等. 深度学习研究综述 [J]. 计算机应用研究, 2012, 29(8): 2806–2810.

[6] 余凯, 贾磊, 陈雨强, 等. 深度学习的昨天、今天和明天 [J]. 计算机研究与发展, 2013, 50(9): 1799–1804.

[7] Lowe D G. Object recognition from local scale-invariant features[C]// Computer Vision, 1999, The Proceedings of the Seventh IEEE International Conference On, IEEE, 1999, 2: 1150–1157.

[8] Bay H, Tuytelaars T, van Gool L. SURF: Speeded up robust features[C]// Proceedings of the European Conference on Computer Visionm, Springer, 2006: 404–417.

[9] Zhou B, Lapedriza A, Xiao J X, et al. Learning deep features for scene recognition using places database[C]//Advances in Neural Information Processing Systems, 2014: 487–495.

[10] Johnson-Roberson M, Barto C, Mehta R, et al. Driving in the matrix: Can virtual worlds replace human-generated annotations for real world tasks?[C]// 2017 IEEE International Conference on Robotics and Automation (ICRA), IEEE, 2017: 746–753.

[11] Xie J Y, Xu L L, Chen E H. Image denoising and inpainting with deep neural networks[C]// Advances in Neural Information Processing Systems, 2012: 341–349.

[12] Zhang K, Zuo W M, Chen Y J, et al. Beyond a gaussian denoiser: residual learning of deep cnn for image denoising[J]. IEEE Transactions on Image Processing, 2017, 26(7): 3142–3155.

[13] Dong C, Loy C C, He K M, et al. Learning a deep convolutional network for image super-resolution[C]// European Conference on Computer Vision, Springer, 2014: 184–199.

[14] Dong C, Loy C C, He K M, et al. Image super-resolution using deep convolutional networks[J]. IEEE Transactions on Pattern Analysis and Machine Intelligence, 2016, 38(2): 295–307.

[15] Kar A, Tulsiani S, Carreira J, et al. Category-specific object reconstruction from a single image[C]. Proceedings of the IEEE Conference on Computer Vision and Pattern Recognition, 2015: 1966–1974.

[16] Wu Z R, Song S R, Khosla A, et al. 3D shapeNets: A deep representation for volumetric shapes[C]. Proceedings of the IEEE Conference on Computer Vision and Pattern Recognition, 2015: 1912–1920.

[17] Rezende D J, Eslami S M A, Mohamed S, et al. Unsupervised learning of 3d structure from images[C]. Advances in Neural Information Processing Systems 29, 2016.

[18] He K M, Zhang X Y, Ren S Q, et al. Deep residual learning for image recognition[C]// Proceedings of the IEEE Conference on Computer Vision and Pattern Recognition, 2016: 770–778.

[19] Hornik K, Stinchcombe M, White H. Multilayer feedforward networks are universal approximators[J]. Neural Networks, 1989, 2(5): 359–366.

[20] Bengio Y, Delalleau O, Roux N L. The curse of highly variable functions for local kernel machines[C]//Advances in Neural Information Processing Systems, 2006: 107–114.

[21] Bengio Y. Learning deep architectures for AI[J]. Foundations and Trends® in Machine Learning, 2009, 2(1): 1–127.

[22] Bengio Y, Delalleau O. On the expressive power of deep architectures[C]// International Conference on Algorithmic Learning Theory, Springer, 2011: 18–36.

[23] De Vito E, Rosasco L, Caponnetto A, et al. Learning from examples as an inverse problem[J]. Journal of Machine Learning Research, 2005, 6(May): 883–904.

[24] Lanczos C. Linear Differential Operators[M]. Philadephia: SIAM, 1997.

[25] Rosenblatt F. The perceptron: A probabilistic model for information storage and organization in the brain[J]. Psychological Review, 1958, 65(6): 386.

[26] Minsky M, Papert S. Perceptrons: An Introduction to Computational Geometry[M]. USA: The MIT Press, 1969.

[27] Linnainmaa S. The representation of the cumulative rounding error of an algorithm as a Taylor expansion of the local rounding errors[D]. Master's Thesis, Department of Computer Science, Helsinki, Finland: University of Helsinki, 1970: 6–7.

[28] Rumelhart D E, Hinton G E, Williams R J. Learning representations by back-propagating errors[J]. Nature, 1986, 323(6088): 533.

[29] Han J, Moraga C. The influence of the sigmoid function parameters on the speed of backpropagation learning[C]//International Workshop on Artificial Neural Networks, Springer, 1995: 195–201.

[30] Hinton G E, Salakhutdinov R R. Reducing the dimensionality of data with neural networks[J]. Science, 2006, 313(5786): 504–507.

[31] Poultney C, Chopra S, Cun Y L, et al. Efficient learning of sparse representations with an energy-based model[C]//Advances in Neural Information Processing Systems, 2007: 1137–1144.

[32] Lee H, Ekanadham C, Ng A Y. Sparse deep belief net model for visual area v2[C]//Advances in Neural Information Processing Systems, 2008: 873–880.

[33] Rifai S, Vincent P, Muller X, et al. Contractive auto-encoders: Explicit invariance during feature extraction[C]// Proceedings of the 28th International Conference on Machine Learning, Omnipress, 2011: 833–840.

[34] LeCun Y, Boser B, Denker J S, et al. Backpropagation applied to handwritten zip code recognition[J]. Neural Computation, 1989, 1(4): 541–551.

[35] LeCun Y, Bottou L, Bengio Y, et al. Gradient-based learning applied to document recognition[J]. Proceedings of the IEEE, 1998, 86(11): 2278–2324.

[36] Krizhevsky A, Sutskever I, Hinton G E. Imagenet classification with deep convolutional neural networks[C]//Advances in Neural Information Processing Systems, 2012: 1097–1105.

[37] Karpathy A, Toderici G, Shetty S, et al. Largescale video classification with convolutional neural networks[C]// Proceedings of the IEEE conference on Computer Vision and Pattern Recognition, 2014: 1725–1732.

[38] Oquab M, Bottou L, Laptev I, et al. Learning and transferring mid-level image representations using convolutional neural networks[C]// 2014 IEEE Conference on Computer Vision and Pattern Recognition (CVPR), IEEE, 2014: 1717–1724.

[39] Ji S W, Xu W, Yang M, et al. 3d convolutional neural networks for human action recognition[J]. IEEE Transactions on Pattern Analysis and Machine Intelligence, 2013, 35(1): 221–231.

[40] 郑胤, 陈权崎, 章毓晋. 深度学习及其在目标和行为识别中的新进展 [J]. 中国图象图形学报, 2014, 19(2): 175–184.

参 考 文 献

[41] 张慧, 王坤峰, 王飞跃. 深度学习在目标视觉检测中的应用进展与展望 [J]. 自动化学报, 2017, 43(8): 1289–1305.

[42] Mikolov T, Karafiát M, Burget L, et al. Recurrent neural network based language model[C]// Eleventh Annual Conference of the International Speech Communication Association, 2010.

[43] Gregor K, Danihelka I, Graves A, et al. Draw: A recurrent neural network for image generation[J]. arXiv:1502.04623, 2015: 1462–1471.

[44] Srivastava N, Mansimov E, Salakhudinov R. Unsupervised learning of video representations using lstms[C]// International Conference on Machine Learning, 2015: 843–852.

[45] Cui X D, Goel V, Kingsbury B. Data augmentation for deep neural network acoustic modeling[J]. IEEE/ACM Transactions on Audio, Speech, and Language Processing, 2015, 23(9): 1469–1477.

[46] Ronneberger O, Fischer P, Brox T. U-net: Convolutional networks for biomedical image segmentation[C]// International Conference on Medical Image Computing and Computer-assisted Intervention, Springer, 2015: 234–241.

[47] Gan Z, Henao R, Carlson D, et al. Learning deep sigmoid belief networks with data augmentation[C]// Artificial Intelligence and Statistics, 2015: 268–276.

[48] Kim H E, Lee Y, Kim H, et al. Domain-specific data augmentation for on-road object detection based on a deep neural network[C]// 2017 IEEE Intelligent Vehicles Symposium (IV), IEEE, 2017: 103–108.

[49] Vincent P, Larochelle H, Bengio Y, et al. Extracting and composing robust features with denoising autoencoders[C]// Proceedings of the 25th International Conference on Machine Learning, ACM, 2008: 1096–1103.

[50] Vincent P, Larochelle H, Lajoie I, et al. Stacked denoising autoencoders: Learning useful representations in a deep network with a local denoising criterion[J]. Journal of Machine Learning Research, 2010, 11(12): 3371–3408.

[51] Srivastava N, Hinton G, Krizhevsky A, et al. Dropout: A simple way to prevent neural networks from overfitting[J]. The Journal of Machine Learning Research, 2014, 15(1): 1929–1958.

[52] Ioffe S, Szegedy C. Batch normalization: Accelerating deep network training by reducing internal covariate shift[C]// International Conference on Machine Learning, 2015: 448–456.

[53] Lecun Y, Bengio Y. Convolutional networks for images, speech, and time series[J]// Arbib M A. The Handbook of Brain Theory and Neural Networks. 1995, 3361(10): 1995.

[54] Simard P Y, Steinkraus D, Platt J C, et al. Best practices for convolutional neural networks applied to visual document analysis[C]// ICDAR, 2003, 3: 958–962.

[55] Long J, Shelhamer E, Darrell T. Fully convolutional networks for semantic segmentation[J]. arXiv:1411.4038, 2014, 39(4): 1.

[56] He K M, Zhang X Y, Ren S Q, et al. Identity mappings in deep residual networks[C]//European Conference on Computer Vision, Springer, 2016: 630–645.

[57] Ren S Q, He K M, Girshick R, et al. Faster r-cnn: towards real-time object detection with region proposal networks[C]//Advances in Neural Information Processing Systems, 2015: 91–99.

[58] Liu W, Anguelov D, Erhan D, et al. SSD: Single shot multibox detector[C]//European Conference on Computer Vision, Springer, 2016: 21–37.

[59] Wang P, Shen X H, Lin Z, et al. Towards unified depth and semantic prediction from a single image[C]// Proceedings of the IEEE Conference on Computer Vision and Pattern Recognition, 2015: 2800–2809.

[60] Cadena C, Dick A, Reid I. Multi-modal auto-encoders as joint estimators for robotics scene understanding[C]//Proc. Robotics: Science and Systems, 2016.

[61] Cheng J Q, Tsai Y H, Wang S J, et al. Segflow: Joint learning for video object segmentation and optical flow[C]// 2017 IEEE International Conference on Computer Vision (ICCV), IEEE, 2017: 686–695.

[62] Kingma D P, Mohamed S, Rezende D J, et al. Semi-supervised learning with deep generative models[C]//Advances in Neural Information Processing Systems, 2014: 3581–3589.

[63] Weston J, Ratle F, Mobahi H, et al. Deep learning via semi-supervised embedding[C]//Neural Networks: Tricks of the Trade, Springer, 2012: 639–655.

[64] Krogh A, Hertz J A. A simple weight decay can improve generalization[C]//Advances in Neural Information Processing Systems, 1992: 950–957.

[65] Szegedy C, Zaremba W, Sutskever I, et al. Intriguing properties of neural networks[J]. arXiv:1312.6199, 2013.

[66] Wang N Y, Li S Y, Gupta A, et al. Transferring rich feature hierarchies for robust visual tracking[J]. arXiv:1501.04587, 2015.

[67] Noh H, Hong S, Han B. Learning deconvolution network for semantic segmentation[C]// Proceedings of the IEEE International Conference on Computer Vision, 2015: 1520–1528.

[68] Boureau Y L, Cun Y L, et al. Sparse feature learning for deep belief networks[C]// Advances in Neural Information Processing Systems, 2008: 1185–1192.

[69] Goodfellow I, Lee H, Le Q V, et al. Measuring invariances in deep networks [C]//Advances in Neural Information Processing Systems, 2009: 646–654.

[70] Olshausen B A, Field D J. Emergence of simple-cell receptive field properties by learning a sparse code for natural images[J]. Nature, 1996, 381(6583): 607.

[71] Bergstra J. Incorporating complex cells into neural networks for pattern classification[J]. Social Science Electronic Publishing, 2011.

[72] Larochelle H, Bengio Y. Classification using discriminative restricted boltzmann machines[C]// Proceedings of the 25th international conference on Machine learning, ACM, 2008: 536–543.

[73] Goroshin R, LeCun Y. Saturating auto-encoders[J]. arXiv:1301.3577, 2013.

[74] Sajjadi M, Javanmardi M, Tasdizen T. Regularization with stochastic transformations and perturbations for deep semi-supervised learning[C]//Advances in Neural Information Processing Systems, 2016: 1163–1171.

[75] Bentaieb A, Hamarneh G. Topology aware fully convolutional networks for histology gland segmentation[C]//International Conference on Medical Image Computing and Computer-Assisted Intervention, Springer, 2016: 460–468.

[76] Pereyra G, Tucker G, Chorowski J, et al. Regularizing neural networks by penalizing confident output distributions[J]. arXiv:1701.06548, 2017.

[77] Song S, Zhang L G, Xiao J X. Robot in a room: Toward perfect object recognition in closed environments[J]. CORR, abs/1507.02703, 2015.

[78] Sun Y Y, Fox D. Neol: Toward never-ending object learning for robots[C]// 2016 IEEE International Conference on Robotics and Automation (ICRA), IEEE, 2016: 1621–1627.

[79] Wang T S, Marton Z C, Brucker M, et al. How robots learn to classify new objects trained from small data sets[C]// Conference on Robot Learning, 2017: 408–417.

[80] Eitel A, Springenberg J T, Spinello L, et al. Multimodal deep learning for robust RGB-D object recognition[C]// Proc. of the IEEE International Conference on Intelligent Robots and Systems (IROS), Hamburg, Germany, 2015.

[81] Vasquez A, Kollmitz M, Eitel A, et al. Deep detection of people and their mobility aids for a hospital robot[C]// Proc. of the IEEE European Conference on Mobile Robotics (ECMR), 2017.

[82] Ye C X, Yang Y Z, Mao R, et al. What can i do around here? deep functional scene understanding for cognitive robots[C]// 2017 IEEE International Conference on Robotics and Automation (ICRA), IEEE, 2017: 4604–4611.

[83] Valada A, Spinello L, Burgard W. Deep feature learning for acoustic-based terrain classification[C]//Proc. of the International Symposium on Robotics Research (ISRR), Sestri Levante, 2015.

[84] Oliveira G, Burgard W, Brox T. Efficient deep models for monocular road segmentation[C]//IEEE/RSJ International Conference on Intelligent Robots and Systems (IROS 2016), Daejeon, Korea, 2016.

[85] Brust C A, Sickert S, Simon M, et al. Convolutional patch networks with spatial prior for road detection and urban scene understanding[J]. arXiv:1502.06344, 2015.

[86] Valada A, Dhall A, Burgard W. Convoluted mixture of deep experts for robust semantic segmentation[C]//IEEE/RSJ International Conference on Intelligent Robots and Systems (IROS) Workshop, State Estimation and Terrain Perception for All Terrain Mobile Robots, Daejeon, Korea, October 2016.

[87] Zuo Y, Drummond T. Fast residual forests: Rapid ensemble learning for semantic segmentation[C]// Conference on Robot Learning, 2017: 27–36.

[88] Milan A, Pham T, Vijay K, et al. Semantic segmentation from limited training data[J]. arXiv:1709.07665, 2017.

[89] Valada A, Vertens J, Dhall A, et al. Adapnet: Adaptive semantic segmentation in adverse environmental conditions[C]// Proc. of the IEEE International Conference on Robotics & Automation (ICRA), Singapore, 2017.

[90] Kim D K, Maturana D, Uenoyama M, et al. Season-invariant semantic segmentation with a deep multimodal network[C]//Field and Service Robotics, Springer, 2018: 255–270.

[91] Valada A, Oliveira G, Brox T, et al. Deep multispectral semantic scene understanding of forested environments using multimodal fusion[C]//The 2016 International Symposium on Experimental Robotics (ISER 2016), Tokyo, Japan, 2016.

[92] Held D, Thrun S, Savarese S. Robust single-view instance recognition[C]// Robotics and Automation (ICRA), 2016 IEEE International Conference on, IEEE, 2016: 2152–

2159.

[93] Guan H Y, Yu Y T, Ji Z, et al. Deep learning-based tree classification using mobile lidar data[J]. Remote Sensing Letters, 2015, 6(11): 864–873.

[94] Dewan A, Oliveira G L, Burgard W. Deep semantic classification for 3D lidar data[C]//Proc. of the IEEE Int. Conf. on Intelligent Robots and Systems (IROS), 2017.

[95] Gao Y, Hendricks L A, Kuchenbecker K J, et al. Deep learning for tactile understanding from visual and haptic data[C]// 2016 IEEE International Conference on Robotics and Automation (ICRA), IEEE, 2016: 536–543.

[96] Erickson Z, Chernova S, Kemp C C. Semi-supervised haptic material recognition for robots using generative adversarial networks[J]. arXiv:1707.02796, 2017.

[97] Yu J C, Weng K J, Liang G Y, et al. A vision-based robotic grasping system using deep learning for 3d object recognition and pose estimation[C]// 2013 IEEE International Conference on Robotics and Biomimetics (ROBIO), IEEE, 2013: 1175–1180.

[98] Zeng A, Yu K T, Song S, et al. Multi-view self-supervised deep learning for 6d pose estimation in the Amazon picking challenge[C]// 2017 IEEE International Conference on Robotics and Automation (ICRA), IEEE, 2017: 1386–1383.

[99] Byravan A, Fox D. Se3-nets: Learning rigid body motion using deep neural networks[C]// 2017 IEEE International Conference on Robotics and Automation (ICRA), IEEE, 2017: 173–180.

[100] Eigen D, Puhrsch C, Fergus R. Depth map prediction from a single image using a multi-scale deep network[C]//Advances in Neural Information Processing Systems, 2014: 2366–2374.

[101] Eigen D, Fergus R. Predicting depth, surface normals and semantic labels with a common multiscale convolutional architecture[C]// Proceedings of the IEEE International Conference on Computer Vision, 2015: 2650–2658.

[102] Liu F, Shen C, Lin G, et al. Learning depth from single monocular images using deep convolutional neural fields[J]. IEEE Transactions on Pattern Analysis and Machine Intelligence, 2016, 38(10): 2024–2039.

[103] Mancini M, Costante G, Valigi P, et al. Fast robust monocular depth estimation for obstacle detection with fully convolutional networks[C]// Intelligent Robots and Systems (IROS), 2016 IEEE/RSJ International Conference on, IEEE, 2016: 4296–4303.

[104] Laina I, Rupprecht C, Belagiannis V, et al. Deeper depth prediction with fully convolutional residual networks[C]// 3D Vision (3DV), 2016 Fourth International Conference on, IEEE, 2016: 239–248.

[105] Cao Y Z H, Wu Z F, Shen C H. Estimating depth from monocular images as classification using deep fully convolutional residual networks[J]. arXiv:1605.02305, 2016.

[106] Smith E, Meger D. Improved adversarial systems for 3d object generation and reconstruction[J]. arXiv:1707.09557, 2017.

[107] Tulsiani S, Zhou T H, Efros A A, et al. Multi-view supervision for single-view reconstruction via differentiable ray consistency[C]. Proceedings of the IEEE Conference on Computer Vision and Pattern Recognition, 2017: 2626–2634.

[108] Fan H Q, Su H, Guibas L J. A point set generation network for 3d object reconstruction from a single image[J]. IEEE Conference on Computer Vision and Pattern Recognition, 2017: 2463–2471.

[109] Riegler G, Ulusoy A O, Geiger A. Octnet: Learning deep 3D representations at high resolutions[C]// Proceedings of the IEEE Conference on Computer Vision and Pattern Recognition, 2017: 3577–3586.

[110] Riegler G, Ulusoy A O, Bischof H, et al. OctNetFusion: Learning depth fusion from data[C]// 2017 International Conference on 3D Vision (3DV), 2017: 57–66.

[111] Tatarchenko M, Dosovitskiy A, Brox T. Octree generating networks: Efficient convolutional architectures for high-resolution 3d outputs[C]. Proceedings of the IEEE International Conference on Computer Vision, 2017: 2088–2096.

[112] Chen Z T, Maffra F, Sa I, et al. Only look once, mining distinctive landmarks from convnet for visual place recognition[C]// Intelligent Robots and Systems (IROS), 2017 IEEE/RSJ International Conference on, IEEE, 2017: 9–16.

[113] Maturana D, Chou P W, Uenoyama M, et al. Real-time semantic mapping for autonomous off-road navigation[C]//Field and Service Robotics, Springer, 2018: 335–350.

[114] Ma L N, Stückler J, Kerl C, et al. Multi-view deep learning for consistent semantic mapping with rgb-d cameras[J]. arXiv:1703.08866, 2017.

[115] Chapelle O, Scholkopf B, Zien A. Semi-Supervised Learning (Adaptive Computation and Machine Learning)[M]. Cambridge: The MIT Press, 2006.

[116] Roweis S T, Saul L K. Nonlinear dimensionality reduction by locally linear embedding[J]. Science, 2000, 290(5500): 2323–2326.

[117] Tenenbaum J B, De Silva V, Langford J C. A global geometric framework for nonlinear dimensionality reduction[J]. Science, 2000, 290(5500): 2319–2323.

[118] Belkin M, Niyogi P. Laplacian eigenmaps and spectral techniques for embedding and clustering[C]. NIPS, 2001: 585–591.

[119] Cai D, He X F, Han J W, et al. Graph regularized nonnegative matrix factorization for data representation[J]. IEEE Transactions on Pattern Analysis and Machine Intelligence, 2011, 33(8): 1548–1560.

[120] Elgammal A, Lee C S. Inferring 3d body pose from silhouettes using activity manifold learning[C]// Computer Vision and Pattern Recognition, 2004. Proceedings of the 2004 IEEE Computer Society Conference on, IEEE, 2004, 2: 681–688.

[121] Cao X B, Ning B, Yan P K, et al. Selecting key poses on manifold for pairwise action recognition[J]. Industrial Informatics, IEEE Transactions on, 2012, 8(1): 168–177.

[122] Hettiarachchi R, Peters J F. Multi-manifold LLE learning in pattern recognition[J]. Pattern Recognition, 2015, 48(9): 2947–2960.

[123] Bengio Y, Lecun Y. Scaling learning algorithms towards ai[J]. Large-Scale Kernel Machines, 2007, 34: 1–41.

[124] Rifai S, Mesnil G, Vincent P, et al. Higher order contractive auto-encoder[C]// Proceedings of the 2011 European conference on Machine learning and knowledge discovery in databases ECML PKDD'11. Heidelberg: Springer-Verlag, 2011, Part II: 645–660.

[125] Vincent P. A connection between score matching and denoising autoencoders[J]. Neural Computation, 2011, 23(7): 1661–1674.

[126] Hadsell R, Chopra S, LeCun Y. Dimensionality reduction by learning an invariant mapping[C]// Proceedings of the 2006 IEEE Computer Society Conference on Computer Vision and Pattern Recognition, CVPR'06. Washington, DC: IEEE Computer Society. 2006, 2: 1735–1742.

[127] Yu W C, Zeng G X, Luo P, et al. Embedding with autoencoder regularization[C]//Machine Learning and Knowledge Discovery in Databases, Springer, 2013: 208–223.

[128] Jia K, Sun L, Gao S H, et al. Laplacian auto-encoders: An explicit learning of nonlinear data manifold[J]. Neurocomputing, 2015, 160: 250–260.

[129] Yuan L, Chan K C, Lee C S G. Robust semantic place recognition with vocabulary tree and landmark detection[C]// IROS 2011 workshop on Active Semantic Perception

and Object Search in the Real World, 2011.

[130] Pronobis A, Jensfelt P. Hierarchical multi-modal place categorization[C]// ECMR, 2011: 159–164.

[131] Bengio Y, Lamblin P, Popovici D, et al. Greedy layer-wise training of deep networks[C]//Advances in Neural Information Processing Systems, 2007: 153–160.

[132] Belkin M, Niyogi P, Sindhwani V. Manifold regularization: A geometric framework for learning from labeled and unlabeled examples[J]. Journal of Machine Learning Research, 2006, 7: 2399–2434.

[133] LeCun Y. The mnist database of handwritten digits. http://yann.lecun.com/exdb/mnist/.

[134] Nene S A, Nayar S K, Murase H, et al. Columbia object image library (coil-20)[J]. Technical Report No. CUCS-005-96, Columbia University, 1996.

[135] He X F, Niyogi P. Locality preserving projections[C]// NIPS, 2003, 6: 234–241.

[136] van der Maaten L, Hinton G. Visualizing data using t-sne[J]. Journal of Machine Learning Research, 2008, 9(2579-2605): 85.

[137] Coates A, Ng A Y, Lee H. An analysis of single-layer networks in unsupervised feature learning[C]//International Conference on Artificial Intelligence and Statistics, 2011: 215–223.

[138] Ranzato M A, Huang F J, Boureau Y L, et al. Unsupervised learning of invariant feature hierarchies with applications to object recognition[C]// 2007 IEEE Conference on Computer Vision and Pattern Recognition, 2007.

[139] Sobel I. An Isotropic 3×3 Image Gradient Operator[M]// Freeman H Machine Vision for Three-Dimensional. Scenes, 1990: 376–379.

[140] Mozos O M, Stachniss C, Burgard W. Supervised learning of places from range data using adaboost[C]// Proceedings of the 2005 IEEE International Conference on Robotics and Automation (ICRA), IEEE, 2005: 1730–1735.

[141] Sousa P, Araújo R, Nunes U. Real-time labeling of places using support vector machines[C]//Industrial Electronics, 2007. ISIE 2007, IEEE International Symposium on, IEEE, 2007: 2022–2027.

[142] Choset H, Burdick J. Sensor based planning. i. the generalized voronoi graph[C]// Proceedings 1995 IEEE International Conference on Robotics and Automation, IEEE, 1995, 2: 1649–1655.

[143] Shi L, Kodagoda S. Towards generalization of semi-supervised place classification

over generalized voronoi graph[J]. Robotics and Autonomous Systems, 2013, 61(8): 785–796.

[144] Kaleci B, Şenler C M, Dutağcl H, et al. A probabilistic approach for semantic classification using laser range data in indoor environments[C]//2015 International Conference on Advanced Robotics (ICAR), IEEE, 2015: 375–381.

[145] Premebida C, Faria D R, Souza F A, et al. Applying probabilistic mixture models to semantic place classification in mobile robotics[C]//Intelligent Robots and Systems (IROS), 2015 IEEE/RSJ International Conference on, IEEE, 2015: 4265–4270.

[146] Donahue J, Jia Y Q, Vinyals O, et al. Decaf: A deep convolutional activation feature for generic visual recognition[J]. arXiv:1310.1531, 2013.

[147] Razavian A S, Azizpour H, Sullivan J, et al. Cnn features off-the-shelf: an astounding baseline for recognition[C]//Computer Vision and Pattern Recognition Workshops (CVPRW), 2014 IEEE Conference on, IEEE, 2014: 512–519.

[148] Li L J, Socher R, Li F F. Towards total scene understanding: Classification, annotation and segmentation in an automatic framework[C]//Computer Vision and Pattern Recognition, 2009, CVPR 2009, IEEE Conference on, ISSN 1063–6919, June 2009: 2036–2043.

[149] Yao J, Fidler S, Urtasun R. Describing the scene as a whole: Joint object detection, scene classification and semantic segmentation[C]//Computer Vision and Pattern Recognition (CVPR), 2012 IEEE Conference on, IEEE, 2012: 702–709.

[150] Lin D, Fidler S, Urtasun R. Holistic scene understanding for 3d object detection with rgbd cameras[C]// 2013 IEEE International Conference on Computer Vision (ICCV), IEEE, 2013: 1417–1424.

[151] Luo R, Piao S H, Min H Q. Simultaneous place and object recognition with mobile robot using pose encoded contextual information[C]// 2011 IEEE International Conference on Robotics and Automation (ICRA), IEEE, 2011: 2792–2797.

[152] Rogers J G, Christensen H I. A conditional random field model for place and object classification[C]// 2012 IEEE International Conference on Robotics and Automation (ICRA), IEEE, 2012: 1766–1772.

[153] Li L J, Su H, Li F F, et al. Object bank: A high-level image representation for scene classification & semantic feature sparsification[C]//Advances in Neural Information Processing Systems. 2010: 1378–1386.

[154] Ouyang W, Wang X G, Zeng X Y, et al. Deepid-net: Deformable deep convolu-

tional neural networks for object detection[C]//Proceedings of the IEEE Conference on Computer Vision and Pattern Recognition, 2015: 2403–2412.

[155] Couprie C, Farabet C, Najman L, et al. Indoor semantic segmentation using depth information[J]. arXiv:1301.3572, 2013.

[156] Gupta S, Girshick R, Arbeláez P, et al. Learning rich features from RGB-D images for object detection and segmentation[C]//Computer Vision-ECCV 2014, Springer, 2014: 345–360.

[157] Song S, Lichtenberg S P, Xiao J X. SUN RGB-D: A RGB-D Scene Understanding Benchmark Suite[C]// The IEEE Conference on Computer Vision and Pattern Recognition (CVPR), 2015: 567–576.

[158] Jia Y Q, Shelhamer E, Donahue J, et al. CAFFE: Convolutional architecture for fast feature embedding[C]// Proceedings of the 22nd ACM international Conference on Multimedia, ACM, 2014: 675–678.

[159] Oliva A, Torralba A. Modeling the shape of the scene: A holistic representation of the spatial envelope[J]. International Journal of Computer Vision, 2001, 42(3): 145–175.

[160] Liu C, Yuen J, Torralba A. Nonparametric scene parsing: Label transfer via dense scene alignment[C]//Computer Vision and Pattern Recognition (CVPR), 2009 IEEE Conference on, IEEE, 2009: 1972–1979.

[161] Ren X F, Bo L F, Fox D. RGB-D scene labeling: Features and algorithms[C]// Computer Vision and Pattern Recognition (CVPR), 2012 IEEE Conference on, IEEE, 2012: 2759–2766.

[162] Silberman N, Hoiem D, Kohli P, et al. Indoor segmentation and support inference from rgbd images[C]//European Conference on Computer Vision, Springer, 2012: 746–760.

[163] Wang Y, Huang S D, Xiong R, et al. A framework for multi-session rgbd slam in low dynamic workspace environment[J]. CAAI Transactions on Intelligence Technology, 2016, (1): 90–103.

[164] Saxena A, Chung S H, Ng A Y. Learning depth from single monocular images [C]//Advances in Neural Information Processing Systems, 2006: 1161–1168.

[165] Saxena A, Chung S H, Ng A Y. 3-D depth reconstruction from a single still image[J]. International Journal of Computer Vision, 2008, 76(1): 53–69.

[166] Saxena A, Sun M, Ng A Y. Make3D: Learning 3d scene structure from a single still image[J]. IEEE Transactions on Pattern Analysis and Machine Intelligence, 2009, 31(5): 824–840.

[167] http://picfuno.com/unbelievable-examples-of-forced-perspective/6/.

[168] Cherubini A, Spindler F, Chaumette F. Autonomous visual navigation and laser-based moving obstacle avoidance[J]. IEEE Transactions on Intelligent Transportation Systems, 2014, 15(5): 2101–2110.

[169] Dissanayake G, Newman P, Clark S, et al. A solution to the simultaneous localization and map building (slam) problem[J]. IEEE Transactions on robotics and automation, 2001, 17(3): 229–241.

[170] Harrison A, Newman P. Image and sparse laser fusion for dense scene reconstruction[C]//Field and Service Robotics, Springer, 2010: 219–228.

[171] Piniés P, Paz L M, Newman P. Too much tv is bad: Dense reconstruction from sparse laser with non-convex regularisation[C]//2015 IEEE International Conference on Robotics and Automation, (ICRA), IEEE, 2015: 135–142.

[172] Takeda H, Farsiu S, Milanfar P. Kernel regression for image processing and reconstruction[J]. IEEE Transactions on Image Processing, 2007, 16(2): 349–366.

[173] Badino H, Franke U, Pfeiffer D. The stixel world-A compact medium level representation of the 3D-world[C]//Joint Pattern Recognition Symposium, Springer, 2009: 51–60.

[174] Glorot X, Bordes A, Bengio Y. Deep sparse rectifier neural networks[C]//Proceedings of the Fourteenth International Conference on Artificial Intelligence and Statistics, 2011: 315–323.

[175] Geiger A, Lenz P, Urtasun R. Are we ready for autonomous driving? the kitti vision benchmark suite[C]//Conference on Computer Vision and Pattern Recognition (CVPR), 2012.

[176] Gupta S, Arbelaez P, Malik J. Perceptual organization and recognition of indoor scenes from rgb-d images[C]//Proceedings of the IEEE Conference on Computer Vision and Pattern Recognition, 2013: 564–571.

[177] Bicchi A, Kumar V. Robotic grasping and contact: A review[C]// Robotics and Automation, 2000, Proceedings, ICRA'00. IEEE International Conference on, IEEE, 2000, 1: 348–353.

[178] Boykov Y, Veksler O, Zabih R. Fast approximate energy minimization via graph cuts[J]. The IEEE Transactions on Pattern Analysis and Machine Intelligence, 2011, 23(11): 1222–1239.

[179] Yamaguchi K, McAllester D, Urtasun R. Efficient joint segmentation, occlusion label-

ing, stereo and flow estimation[C]// 2014.

[180] Ulusoy A O, Black M, Geiger A. Patches, planes and probabilities: A non-local prior for volumetric 3d reconstruction[C]// 2016.

[181] Hirschmüller H. Stereo processing by semiglobal matching and mutual information[J]. The IEEE Transactions on Pattern Analysis and Machine Intelligence, 2007, 30(2): 328–341.

[182] Haene C, Zach C, Cohen A, et al. Joint 3D scene reconstruction and class segmentation[C]// 2013.

[183] Zach C, Pock T, Bischof H. A globally optimal algorithm for robust TV-L1 range image integration[C]// 2007.

[184] Bao S Y, Chandraker M, Lin Y Q, et al. Dense object reconstruction with semantic priors[C]// 2013.

[185] Haene C, Savinov N, Pollefeys M. Class specific 3d object shape priors using surface normals[C]// 2014.

[186] Güney F, Geiger A. Displets: Resolving stereo ambiguities using object knowledge[C]// 2015.

[187] Ulusoy A O, Black M, Geiger A. Semantic multi-view stereo: Jointly estimating objects and voxels[C]// 2017.

[188] Dai A, Chang A X, Savva M, et al. Scannet: Richly-annotated 3d reconstructions of indoor scenes[C]// 2017.

[189] Chang A X, Funkhouser T A, Guibas L J, et al. Shapenet: An information-rich 3d model repository[J]. arXiv 1512.03012, 2015.

[190] Knapitsch A, Park J, Zhou Q Y, et al. Tanks and temples: benchmarking large-scale scene reconstruction[J]. ACM Transactions on Graphics, 2017, 36(4): 78.

[191] Schöps T, Schönberger J, Galliani S, et al. A multi-view stereo benchmark with high-resolution images and multi-camera videos[C]// 2017.

[192] Choi S, Zhou Q Y, Miller S, et al. A large dataset of object scans[J]. arXiv 1602.02481, 2016.

[193] Kazhdan M M, Hoppe H. Screened poisson surface reconstruction[J]. ACM Transactions on Graphics, 2013, 32(3): 29.

[194] Calakli F, Taubin G. SSD: Smooth Signed Distance Surface Reconstruction[J]. Computer Graphics Forum, 2011, 30(7): 1993–2002.

[195] Lorensen W E, Cline H E. Marching cubes: A high resolution 3d surface construction

algorithm[C]// 1987.

[196] Bronstein M M, Bruna J, Lecun Y, et al. Geometric Deep Learning: Going beyond Euclidean data[J]. IEEE Signal Processing Magazine, 2017, 34(4): 18–42.

[197] Guo K, Zou D Q, Chen X W. 3d mesh labeling via deep convolutional neural networks[C]// 2015.

[198] Wang P Y, Gan Y, Zhang Y, et al. 3d shape segmentation via shape fully convolutional networks[J]. Computers & Graphics, 2018, 70: 128–139.

[199] Kong C, Lin C H, Lucey S. Using locally corresponding cad models for dense 3d reconstructions from a single image[C]// 2017.

[200] Qi C R, Yi L, Su H, et al. Pointnet++: Deep hierarchical feature learning on point sets in a metric space[C]// 2017.

[201] Dosovitskiy A, Fischer P, Ilg E, et al. Flownet: Learning optical flow with convolutional networks[C]// 2015.

[202] Jensen R R, Dahl A L, Vogiatzis G, et al. Large scale multi-view stereopsis evaluation[C]// 2014.

[203] Choy C B, Xu D F, Gwak J Y, et al. 3D-R2N2: A unified approach for single and multi-view 3D object reconstruction[C]// 2016.

[204] Wu J J, Zhang C K, Xue T F, et al. Learning a probabilistic latent space of object shapes via 3d generative-adversarial modeling[C]// 2016.

[205] Girdhar R, Fouhey D F, Rodriguez M, et al. Learning a predictable and generative vector representation for objects[C]// 2016.

[206] Newcombe R A, Izadi S, Hilliges O, et al. Kinectfusion: Real-time dense surface mapping and tracking[C]// Mixed and augmented reality (ISMAR), 2011 10th IEEE international symposium on, IEEE, 2011: 127–136.

相关发表文章

[1] **Liao Y Y**, Donné S, Geiger A. Deep marching cubes: Learning explicit surface representations. IEEE Conference on Computer Vision and Pattern Recognition (CVPR), 2018(录用. 第 5 章).

[2] **Liao Y Y**, Wang Y, **Liu Y**. Graph regularized auto-encoders for image representation. IEEE Transactions on Image Processing, 2017, 26(6): 2839-2852(第 2 章).

[3] **Liao Y Y**, Kodagoda S, Wang Y, Shi L, **Liu Y**. Place classification with a graph regularized deep neural network. IEEE Transactions on Cognitive and Developmental Systems, 2017, 9(4): 304-315(第 2 章).

[4] **Liao Y Y**, Huang L C, Wang Y, Kodagoda S, Yu Y N, **Liu Y**. Parse geometry from a line: Monocular depth estimation with partial laser observation. IEEE International Conference on Robotics and Automation (ICRA), 2017: 5059-5066(第 4 章).

[5] **Liao Y Y**, Kodagoda S, Wang Y, Shi L, **Liu Y**. Understand scene categories by objects: A semantic regularized scene classifier using convulutional neural networks. IEEE International Conference on Robotics and Automation (ICRA), 2016: 2318-2325(第 3 章).

[6] **Liao Y Y**, Wang Y, **Liu Y**. Image representation learning using graph regularized auto-encoders. International Conference on Learning Representation (workshop), 2014(第 2 章).

彩 图

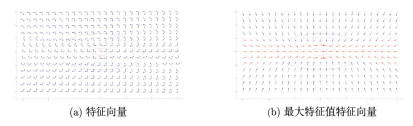

(a) 特征向量   (b) 最大特征值特征向量

图 2.3 采样点特征向量示意图

图 (a) 给出的是每个采样点上全部两个方向上的特征向量，由于 $\boldsymbol{L}_i\boldsymbol{L}_i^\mathrm{T}$ 是正定矩阵，所以两个方向上的特征向量是互相垂直的。图 (b) 给出的是每个采样点上最大特征值对应的特征向量，其中红色表示特征向量在水平方向的分量更大，而蓝色表示特征向量在竖直方向上投影更大。图中椭圆均表示了输入样本的二维高斯概率密度分布，位于相同椭圆上的采样点具有相等的概率密度

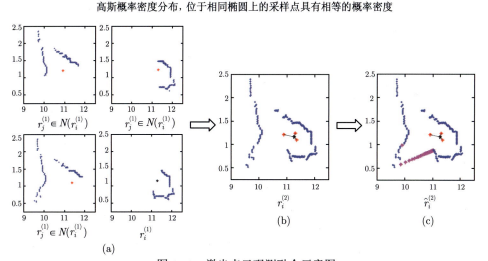

图 2.13 激光点云观测融合示意图

图中给出了如何构造 $\boldsymbol{r}_i^{(2)}$ 以及 $\hat{\boldsymbol{r}}_i^{(2)}$ 的一个实例，其中坐标轴单位为 m。图 (a) 中的四幅小图分别表示了 $o_i^{(l)}$ 对应的传感器信息 $\boldsymbol{r}_i^{(l)}$ 以及所有 $o_j^{(l)} \in N(o_i^{(l)})$ 对应的传感器信息 $\boldsymbol{r}_j^{(l)}$，其中黑色星号点表示 $o_i^{(l)}$，红色星号点表示所有 $o_j^{(l)}$ 对应的采样坐标点，蓝色点表示在当前采样坐标点下机器人观测得到的二维激光点云信息。图 (b) 表示通过融合激光观测获得的 $\boldsymbol{r}_i^{(2)}$。图 (c) 则表示经过插值后的 $\hat{\boldsymbol{r}}_i^{(2)}$，其中粉色点表示通过插值得到的新的点

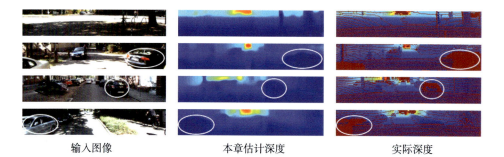

输入图像　　　　　　　本章估计深度　　　　　　　实际深度

图 4.7　KITTI 实验结果样例

在深度图中，蓝色表示近距离，红色表示远距离，真值图中深红色表示无有效激光雷达观测的部分。从图中几处白色圆圈标示可见，3D 激光雷达在汽车等反光强烈的物体上无法有效感知到其深度值，而本章的方法在这些地方也能提供一个可靠的深度距离估计

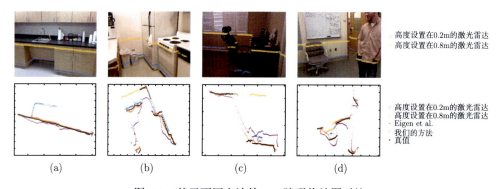

(a)　　　　　　　(b)　　　　　　　(c)　　　　　　　(d)

图 4.8　基于不同方法的 2D 障碍物地图对比

图中第一行给出的是对应的彩色图像以及在 0.2m 和 0.8m 处的仿真 2D 激光雷达在图像上的投影。第二行给出的是不同深度获取方法按重力方向投影在 2D 的障碍物地图

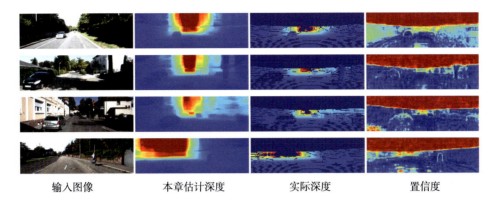

| 输入图像 | 本章估计深度 | 实际深度 | 置信度 |

图 4.9　KITTI 实验置信度样例

在深度图中，蓝色表示近距离，红色表示远距离，真值图中深蓝色表示无有效激光雷达观测的部分。置信度图中，蓝色表示方差小、可信度高，红色表示方差大、可信度低

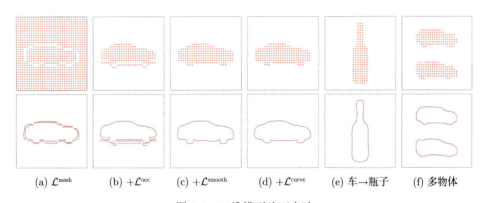

(a) $\mathcal{L}^{\mathrm{mesh}}$　(b) $+\mathcal{L}^{\mathrm{occ}}$　(c) $+\mathcal{L}^{\mathrm{smooth}}$　(d) $+\mathcal{L}^{\mathrm{curve}}$　(e) 车→瓶子　(f) 多物体

图 5.6　二维模型验证实验

(a)~(d) 给出了同一个测试样本上逐步增加正则项训练网络所得的结果。(e) 和 (f) 展示了本章的方法对于新类别的物体以及更复杂的物体表面结构都具有良好的泛化性能，具体来说，(e) 中给出的是在汽车上训练而在瓶子上测试的结果，(f) 给出的是在整体栅格中包含两辆不相连车辆的结果。图中灰色点表示的是输入的离散点，上排图中红色点代表 $\boldsymbol{O}$，即栅格占用状态，下排中红色线段给出了本章方法估计的边缘轮廓 $\boldsymbol{M}$